青岛德式建筑与德国当代艺术

第二、第三届青岛德华论坛文集

余明锋　张振华　编

欧洲文化丛书

孙周兴　冯俊　主编

The Commercial Press
商务印书馆

图书在版编目（CIP）数据

青岛德式建筑与德国当代艺术：第二、第三届青岛德华论坛文集/余明锋，张振华编. —北京：商务印书馆，2021
（欧洲文化丛书）
ISBN 978 - 7 - 100 - 19335 - 1

Ⅰ. ①青…　Ⅱ. ①余… ②张…　Ⅲ. ①建筑史—青岛—文集 ②艺术评论 - 德国 - 现代 - 文集　Ⅳ. ①TU-092.952.3 ②J055.16-53

中国版本图书馆 CIP 数据核字（2021）第007329号

欧洲文化丛书
青岛德式建筑与德国当代艺术
第二、第三届青岛德华论坛文集
余明锋　张振华　编

商务印书馆出版
（北京王府井大街36号　邮政编码 100710）
商务印书馆发行
山东临沂新华印刷物流集团有限责任公司印刷
ISBN 978 - 7 - 100 - 19335 - 1

2021年1月第1版　　开本 890×1240　1/32
2021年1月第1次印刷　　印张 9.375

定价：52.00元

本书出版由

青岛德华文化研究中心（ZCDK）

同济大学“欧洲研究”一流学科建设项目

“欧洲思想文化与中欧文明交流互鉴”子项目

资助

总 序

欧洲曾经是一个整体单位。中古基督教的欧洲原是一个统一的帝国，即所谓“神圣罗马帝国”。文艺复兴前后，欧洲分出众多以民族语言为基础的现代民族国家。这些民族国家有大有小，有强有弱，也有早有晚（德国算是其中的一个特别迟发的国家了），风风雨雨几个世纪间，完成了工业化—现代化过程。而到20世纪的后半叶，欧洲重新开始了政治经济上的一体化进程，1993年11月1日，“欧盟”正式成立。至少在名义上，又一个统一的欧洲诞生了——是谓天下大势，分久必合，合久必分么？

马克思当年曾预判：要搞社会主义或者共产主义，至少得整个欧洲一起搞——可惜后来的革命实践走了样。一个统一的欧洲显然也是哲人马克思的理想。而今天的欧盟似乎正在一步步实现马克思的社会理想。虽然欧盟起步不久，内部存在种种差异、矛盾和问题，甚至有冲突和分裂的危险，但一个崇尚民主自由的欧洲，一个重视民生福利的欧洲，一个趋向稳重节制姿态的欧洲，在今天的世界上是有特别重要的地位和价值的。

马克思之后，欧洲文化进入到一个全面自我反省的阶段。哲人尼采发起的现代性文化批判尤其振聋发聩。而20世纪上半叶相继发生的两次世界大战，更是彻底粉碎了近代以来欧洲知识人的启蒙理性美梦和欧洲中心主义立场，从此以后，“世界历史”进入一个全新的阶段。但另一方面，我们也不得不看到，欧洲的哲学—科学—技术—工业—商业体系，至今仍旧是在全球范围内占统治地位的知识形态、文化形式、制度设计、生产和生活方式。这就是说，今天世界现实的主体和主线依然是欧洲—西方的。现代性批判的任务仍然是未完成的，而且在今天已成为一个全球性的课题。

欧洲已经是“世界历史性的”欧洲。有鉴于此，我们当年创办了“欧洲思想文化研究院”。也正因此，我们今天要继续编辑出版“欧洲文化丛书”，愿以同舟共济的精神，推进我国的欧洲文化研究事业。

孙周兴

2017 年 8 月 25 日改写于海口

目 录

第一编　青岛德式建筑

德国总督官邸：青岛近现代建筑风格的定海神针

万书元

青岛素有“万国建筑博览会”的美誉。但是，只要对中国城市的近代发展历程稍有了解的人都知道，拥有这一美誉的，并不只有青岛。上海、厦门、哈尔滨、天津等许多国内城市都有着同样的美誉。

因此，所谓“万国建筑博览会”，并不能凸显或定义青岛这座城市的气质或风格。

当然，一个城市的气质或风格，可能包含非常丰富和复杂的内容（有物质的和文化的、视觉的和非视觉的、外在的和内在的）。如果单就青岛近现代建筑而言，它的独特气质或风格是什么呢？

我认为，青岛的近现代建筑，具有一种既规则又奔放、既粗犷又优雅、既原始又现代的美学特质，是浪漫主义的优雅精致与自然主义的原始浑朴的完美融合。从视觉形态上说，青岛近代建筑在整体上建构了这样一种模式（至少是一条贯穿始终的主线），即，以欧洲建筑意象（包括平面和立面）为原型、以红色为基调、以未经加工的花岗岩石料为修辞手段，融浓厚的抒情性和粗犷的乡土性于一体的深度模式。

那么，这样一种独特的风格是如何形成的呢?

这就是本文要讨论的问题。

我认为，德国建筑师魏尔纳·拉查鲁维茨（Werner Lazarowicz，1873—1926 年）设计的德国总督官邸对这种风格的形成、发展与稳定，起到了至关重要的作用，它是青岛近现代建筑的当之无愧的定海神针。正是这样一座开风气之先的伟大建筑，引领着青岛建筑的潮流和风尚，使青岛的近现代建筑承载了独特的不可替代的美学意蕴。

一　殖民者的优越感与怀乡病：建筑形态的选择

19 世纪初，拿破仑横扫了包含德国在内的整个欧洲，在德国人心理上造成了严重的创伤和强烈的自卑感。但是，时光流逝，风水倒转，1870 至 1871 年的普法战争使德国（普鲁士）人获得了重新崛起的转机：德国不仅实现了德意志民族的统一，取代了法国在欧洲大陆的霸主地位，而且也一扫自卑阴霾，重新找回了自信，甚至唱起了“德国，德国高于一切”(第二帝国时期的德国国歌)。

20 多年后，在地质学家李希霍芬的指引之下，德国人就是以这种欧洲霸主的身份，带着优越的征服者和殖民者心态，占据并控制胶州湾的。

德国人强占青岛，确实演绎了一出中国人耳熟能详的悲情故事。要说清楚这个悲情故事所包含的数不清的屈辱和我们对这座城市道不明的艳羡之间的复杂关系，既非易事，也非本文主旨所在。姑且按下不表。

且说1897年11月14日，德国远东舰队以两名德国传教士在山东巨野被杀为借口，派兵占领胶州湾，以武力逼迫清政府签订了屈辱的《胶澳租借条约》。之后，德国获得了青岛的99年租约，青岛从此沦为德国人的殖民地。[1]

虽然自从1914年第一次世界大战战败之后，德国就不得不将青岛的控制权转给日本，但是，德国人进入青岛之初，是有着非常长远的目标和非常大的野心的，其意不只在青岛一地，还想借助于青岛这个深水港，将包括蕴藏于淄博等地的矿藏掠夺回国，并逐步扩展其在中国的殖民地版图——至少能够在李希霍芬所绘制的山东及胶州湾地图上挖出更大的一块。

因此，德国人进入青岛，无论在外交、军事、经济还是文化上，不仅都占据着绝对的心理优势，而且采取的是一种主动的进攻姿态。

另一方面，当时的青岛虽然有令人妒羡的深水港，周边还有丰富的

1 这是一段非常值得人们回味的历史。其实德国人早就觊觎胶州半岛的这座深水港了。1860年，普鲁士远征军战舰就已抵达中国，在青岛周围的海港进行考察。也就是说，德国官方的"考察"行动，比德国地理学家和地质学家李希霍芬1869年考察山东还要早9年。不过，李希霍芬1882年出版的《中国》对德国人在胶州湾建立据点的计划还是产生了一定的推动作用的。在"大刀会"制造"巨野教案"之前的二十多年里，德国曾多次派军舰来中国考察。1896年4月，德国任命海军少将梯尔匹茨（Alfred von Tirpitz）为远东舰队司令，命令他"在中国沿海寻找德国能够建设军事基地和经济基地的地方"。当年8月，梯尔匹茨乘军舰来到胶州湾勘察后，认为胶州湾是最理想的目标。仅仅一年之后，大刀会就制造了"巨野教案"，在恰当的时间和恰当的地点为德国人制造了侵略中国的借口，德国人几乎兵不血刃就占领了青岛，而且很快得清政府"恩准"，获得对青岛99年的租约。参见https：//en.wikipedia.org/wiki/Kiautschou_Bay_concession；瑶内昭和：《德国统治时期的青岛建筑》，载徐飞鹏等主编：《中国近代建筑总览·青岛篇》，中国建筑工业出版社，1992年，第16—18页。

矿藏，但是这个港口本身还只是一个没有开化的小渔村，既没有像样的基础设施，也没有可观的建筑，到处荒草丛生，满眼穷困萧索。这种情形，在相当大程度上说，更增加了德国人对自己文化和艺术的自信。

外国人进入中国搞建筑，本来可以有两种选择：一是像美国建筑师墨菲设计金陵女子大学和燕京大学那样，选择中国古典建筑样式；二是像许多外国建筑师在一些开埠的口岸城市所做的那样，直接选用西洋建筑形式。

但是，在青岛，不仅是德国人一开始就毫不犹豫地选择了以德国建筑风格为主导的欧洲建筑样式，更有意思的是，即便是中国人自己的住宅和会馆，也毫不犹豫地采用了西洋建筑样式，比如华人区山东街、两湖会馆就是其中的典型。

华人区山东街的建筑建于1901年之前、德国人进入青岛之初，这个时候采用富有异国情调的西洋建筑样式可以理解。位于大学路54号的两湖会馆的情况就不同了。因为这个时候，距德国人撤离青岛已经过了17年。如果说这个时候，统治青岛的日本人对中国人选择何种建筑类型可能会产生某种影响，那么，这个时候，德国人在这个方面就完全是无能为力了。这就说明，德国建筑风格在当时的青岛人甚至外省人心目中，已经成为了一种典范，人们在心理上已经对它产生了一种认同。因此，当湖北人沈鸿烈在1931年出任青岛市长以后，就特别为湖南、湖北两省的同乡人士修建了这样一座洋会馆。

连中国人都对德国建筑风格如此热衷，德国人自不必说。本来他们就带有欧洲白人的心理优势，又带着征服者和殖民者的傲慢，再加之青岛尚未有像南京和北京那样的富丽堂皇的中国式古建筑，因此，德国人其实是没有选择的，只能选择西洋建筑形式。至少在他们进入青岛之初这个时间段，只能如此。

当然，除此之外，还有一个原因也不能忽略，就是外国人进入他国，往往会不由自主地产生难以抑制的怀乡之情。从心理学上讲，如果自己每天活动和生活的环境更接近自己熟悉的家，就会大大缓解思乡的痛楚。更何况，在19世纪末和20世纪初，真正在青岛的德国人，不到青岛总人口的百分之五，如此少的德国人，如果再让自己住进中国式样的房子，那种“独在异乡为异客”的孤独感就有可能大大增加。因此，德国人在建筑形态的选择上，除了有文化的原因之外，也有心理学和社会学上的考量（据说德国总督屈珀尔是想通过一系列德式建筑来“营造一个可让德国人想起故乡的场景”）。

二　新艺术、西普鲁士城堡与原始浑朴的青岛渔村：拉查鲁维茨对青岛建筑风格的锻造

青岛德国总督官邸的建筑师魏尔纳·拉查鲁维茨1873年5月22日生于西普鲁士省的西蒙斯霍夫（Sigmundshof），1926年4月28日因心脏病发作在北京去世。他曾在埃尔布隆格（Elbing，埃尔宾，现名，1920年之前曾属于德国，后属于波兰）接受中学教育，在西普鲁士省会但泽（Danzig，原西普鲁士省会，后属于波兰，现名格但斯克，Gdańsk）接受高等教育，主攻建筑土木工程。

1898 年德国控制青岛之后，急需建筑师和工程人员参与青岛港口建设、铁路建设和城市建设。是年春，25 岁的拉查鲁维茨应招来到青岛，在德方的房屋建设部门谋到一个职位，而且很快就参与到建筑设计之中。他最早接手的设计项目是德国海军野战医院，时间就是他到青岛的当年（1898 年建成 1 号病房楼，1899 年完成 2 号病房楼，1903 年完成 3 号病房楼，1904 年完成妇幼临床病房。该医院在 1900 年改称德国总督府医院）。

一个刚满 25 岁的年轻人，一下子就接手了如此重大的设计工程，这就说明，一是青岛的建设任务万分紧迫；二是这个年轻人确实才华出众，非同寻常；第三，也是他碰到了一个千载难逢的机遇。

本来拉查鲁维茨的未来的上司，也是建筑师的马克斯·诺普夫（Max Knopff）原计划 1898 年春与拉查鲁维茨结伴来青岛，可是还没有出发就病倒了，延迟了两个多月才到青岛。这就给了拉查鲁维茨登台亮相的大好时机。由于拉查鲁维茨在设计上的大胆创新，他很快就获得了“拉撒路”（Lazarus，《圣经》中人物，曾被耶稣复活，此处应该是赞许他总能够翻空出奇、置之死地而后生）的美誉。

有关拉查鲁维茨生平的资料非常之少，而且大多语焉不详。在国内现有的资料中，往往只提到两幢建筑与他相关。即，除了德国总督官邸之外，他还设计过青岛俱乐部。青岛俱乐部是拉查鲁维茨 1912 年的作品。这就意味着，在设计总督官邸这样重要的建筑之前，拉查鲁维茨完全是一个菜鸟，毫无建筑设计经验。我们能够想象，浦东的金茂大厦会轻易地给一位毫无建筑设计经验的 32 岁的年轻人吗？

拉查鲁维茨能够得到如此重要的委托项目，只能说明，在此之前，他已经在建筑设计上显露出过人的天赋，而且还不只是表现在一幢建筑上。已经有德国研究者指出，德国海军野战医院出于建筑师拉查鲁维茨之手是确定无疑的事情。因为，研究人员在他当时在青岛的地址簿中发现，1901 年 1 月 15 日，拉查鲁维茨记载的他自己的地址是：海军野战医院旁的简易办公棚。另外一个证据是，1901 年 3 月，拉查鲁维茨在政府建筑师格罗姆施（Gromsch）、伯恩（Born）和贝尔纳奇（Bernatz）的指导下通过了一个考试，升任政府建筑师施特拉塞尔（Karl Strasser）的技术秘书和业务助手（der zweite Mann）；1912 年，施特拉塞尔升任"军需建造顾问"（Intendantur-und Baurat）；次年，拉查鲁维茨也升任"军需建造秘书"（Intendantur-und Bausekretär），两人共事到 1914 年日本人接管青岛为止（这里尤其需要强调的是，拉查鲁维茨的建筑活动一直贯穿于青岛这座德国殖民城市的建设始终，从 1898 年到 1914 年，足足 17 年之久）。[1]

青岛房屋建筑部门的建造档案和施工图纸大部分都被保留在弗莱堡的联邦–军事档案（Bundesarchiv-Militärarchiv）中，但从中我们很难辨别，到底哪些建筑师设计了哪些项目。因为建筑工程月报绝大多数都是由"军需建造顾问"施特拉塞尔签名的。好在总督官邸的档案资料写得非常清楚：1905 年的总督官邸的设计，最初采取的是类似多人竞标的形式，许多建筑师都提交了设计方案，但是最终还是采用了拉查鲁维茨的设计。

1　https：//www.tsingtau.org/lazarowicz-werner-1873-1926-architekt/.

这足以说明，拉查鲁维茨在建筑设计方面已经具备了在激烈的竞争中胜人一筹的实力。拉查鲁维茨，在这个聚集了众多有成就的建筑师的港口城市，在32岁的年龄就能够担任一个直属德国建筑部门管辖的分部（其中包括建筑师弗里茨·比伯［Fritz Biber］和保罗［Paul Hachmeister］等）的负责人，这个事实本身就说明，建筑师拉查鲁维茨已经在青岛的建筑界占据了举足轻重的位置。

虽然拉查鲁维茨的德国海军野战医院的设计也许只算得上是一种牛刀小试，因此也表现出些许的稚嫩，比如门头和门柱的处理，模仿的痕迹较重，手法也比较生硬。但是，从整体上说，这幢建筑窗框的石头装饰和墙基的石砌手法的运用已经表现出一种谨慎的狂放和富有诗意的自然主义美学趣味。在德国占领青岛时期的建筑中，这种手法应该是拉查鲁维茨的首创——虽然多少带有威廉三世时期德国青年派风格建筑和青岛当地渔村建筑的痕迹。

德国海军野战医院建成之后，在德国青岛总督官邸之前或与之同时，至少有一座建筑非常熟练地而且是大面积地采用了表面粗糙的花岗岩砌筑的方式，这就是1906年完成扩建的胶澳总督府学校的分校（广西路1号）。

胶澳总督府学校最早可以追溯到1898年。自从青岛成为德国租界之后，居住在德国本土的德国人也好，本来住在上海等地的德国侨民也好，都纷纷拖家带口地涌入青岛。因此德国人子女的上学问题就成为一个十分紧迫的问题。为了救急，德国人就在原大鲍岛村租用了几间中国民房作为临时教室，最初称之为德国童子学堂。1900年，德国人在俾斯麦大街（今江苏路）为德国童子学堂新建了校舍。次年，胶澳学务委员会正式接管这所学校，改称胶澳总督府学校（即今青岛市实验小学）。

新学校由德国建筑师贝尔纳茨设计，皮科罗公司施工。整个建筑虽然以西洋别墅风格为主导，但是也融入了若干中国建筑元素，如顶层装配的带有中式雕饰的木质阳台。这在当时的西洋建筑尤其是德式建筑中极为罕见。

1906 年，随着涌入青岛的德国学龄儿童的日益增多，胶澳总督府学校的教学空间已经远远不能满足需要。因此，胶澳总督府决定在广西路 1 号建一所更大的分校（空间增加了，这所学校才有可能改变招生政策，不仅招生德籍男生，也招收德籍女生，后来还招收非德籍学生）。

据 1910 年《青岛》一书的作者记载，总督府分校是一所外观极其漂亮的建筑，学校前边是几处小操场和几株中国老橡树。学校的楼房大大高于亨利王子街的建筑，空气和光线都很好。能够容纳学生约 110 人。[1]

胶澳总督府分校的设计者是谁，目前找不到可靠的依据或记载，但是我们可以确定三点。第一，这位建筑师对德国青年派风格的建筑很喜欢，并且对同样喜欢这一风格的格但斯克工业大学和那里的建筑极为熟悉，否则，他不可能在两年后几乎是照搬了格但斯克工业大学的教学主楼的设计（格但斯克工业大学主楼 1900 年奠基，1904 年建成；胶澳总督府分校 1906 年建成）：建筑的下半部墙体大面积采用花岗石饰面，中间顶部的山墙也沿用了这幢建筑的镶嵌式装饰策略，风格混搭（哥特与巴洛克风格的折中），自然和谐；第二，胶澳总督府分校正立面中心的

1　转引自《青岛老校的故事——德国总督府学校（广西路 1 号）》(http：//blog.sina.com.cn/s/blog_5dc25bca0102w8t2.html)。

带有标志性特征的山花设计，在拉查鲁维茨几年后设计的总督官邸正立面中以改头换面的方式再度出现；第三，这位建筑师与总督府关系密切，并且颇受总督府和上层决策者的青睐。

那么，很明显，这位建筑师只能是拉查鲁维茨。首先，他是总督和政府总建筑师身边的大红人，是既有才华又受重用的人，是获得了青岛最重要的建筑——总督官邸——的设计头奖的人，因此，他最有机会拿到这个项目；其次，拉查鲁维茨是在格但斯克接受中学教育和大学教育的建筑从业人员，他不仅对格但斯克当地的建筑非常熟悉，对西普鲁士其他地方的建筑，比如瓦尔维尔城堡，也很熟悉。正因此，在拉查鲁维茨设计的建筑中，总是有一条贯穿始终的风格线或者说笔迹，这就是在大量运用极少加工的花岗岩的基础上，实现建筑色彩和肌理上的对比，发酵出一种自然中包含匠心、粗犷中蕴含细腻的美学张力。

有了德国海军野战医院的设计经验，又有了（至少是部分）胶澳总督府分校校舍的设计经验，拉查鲁维茨在设计总督官邸时，就更有把握，也更加自信、更加挥洒自如了。

总督官邸于 1905 年动工，1907 年竣工。全楼建筑面积为 4 000 多平方米，建筑预算超过 45 万金马克，最终结算时，却超出预算一倍还多，达到 100 万金马克[1]，相当于当时的 25 万美元。前一年竣工的胶澳总督

1　参见王建梅、巩升起：《七扇门推开德国总督楼旧址博物馆丛书·建筑之路》，山东友谊出版社，2017 年，第 57 页。但托尔斯顿·华纳（Torten Warner）认为实际花费就是 45 万多金马克。参见 Torten Warner，*Deutsche Architektur in China German Architecture in China*，Ernst & Sohn，1994，207。

府面积 7 132.3 平方米，面积几乎要大一倍，也仅耗资 85 万金马克，由此可见总督官邸有多么奢侈。据说时任总督奥斯卡 · 冯 · 特鲁泊（Oskar von Truppel）曾受到德国议会的弹劾，看来此言非虚。

人们历来对总督官邸存在两种错误的认知，一是说它是德国皇宫的微缩版，是按照皇宫图纸、按照 10∶1 的比例所做的缩小版设计。另外一个说法是，总督官邸是一座城堡建筑。我不知道为何有这样的判断。

无论就该建筑的平面还是立面来说，我们都可以很清楚地看到，这只是一个在外墙上使用了大量花岗岩的别墅建筑而已。

在拉查鲁维茨接受中学和高等教育直至他设计总督官邸的这个时期，正是欧洲新艺术运动高潮迭起的时候。新艺术运动（或者作为其分支的德国青年派风格）基本的文化和美学取向，就建筑而言，就是坚决抵制矫揉造作，力求自然天成，具有浓厚的原始主义和乡土主义趣味。

这样一种风格其实并非新艺术运动的倡导者们的发明。不说远的，欧洲的许多古堡建筑（还有印度古代建筑和中国乡村建筑）早就采用了这样的装饰风格（当然这种装饰有其防御和安全的实用考量）。仅就德国而言，就有 13 世纪的海德堡古堡、14 世纪的瓦尔维尔城堡（曾属西普鲁士，今属波兰克拉科夫）；新艺术运动时期又有了巴伐利亚的新天鹅堡。这些建筑，都自觉不自觉地采用了原始主义和自然主义的装饰风格。

打着新艺术运动旗号，更加直观、更加明显地采用这种风格的，有西班牙的建筑师高迪的一系列建筑，有格但斯克工业大学主楼，还有弗莱堡、慕尼黑和萨尔布吕肯和挪威奥勒松的一些建筑。

无论是德国和欧洲古堡建筑中蕴含的自然主义和原始主义，还是在新艺术运动中被重新发现和强化的反矫饰主义，以及对曲线曲面和朴野趣味的追捧，无疑都曾经引起过拉查鲁维茨心理上强烈的共鸣。可以想见，还在学生时期，拉查鲁维茨就怀有一种强烈的冲动，希望有朝一日能够在自己的设计中把这种自然主义的美学冲动化为现实。

因此，拉查鲁维茨最早设计的两座建筑（医院和学校），在很大程度上就是充分满足他的自然主义美学创作的冲动，同时也算是两次难得的对设计技巧的磨炼。

拉查鲁维茨还有一段重要经历，我们不能不提：在设计总督官邸之前的 1904 年，拉查鲁维茨曾经协助青岛总督府行政大楼的建筑师路德维希·马尔克（Ludwig Mahlke），监理该大楼的前期建设工作。虽然没有资料证明拉查鲁维茨曾经参与这幢建筑的辅助设计工作，但是，能够参与到这幢如此重要的建筑的建设过程之中也是极为难得的机遇。这对年轻的建筑师拉查鲁维茨积累经验、增长见识无疑起到了重要的作用，对他日后设计总督官邸也提供了更为直接而实用的经验，更为重要的是，还为他提供了更多的自信。

在德国人 1898 年进入青岛之后和总督官邸建成之前，除了拉查鲁维茨设计的德国海军野战医院之外，德国人在这里已经建造了为数不少的建筑，这些建筑也或多或少地受到了当时在欧洲流行的新艺术风格的影响，尤其是建于 1898 年、位于馆陶路 1 号的青岛气象天测所，建于 1899 年的大港火车站（商河路 2 号）和德华银行（市南区广西路 14 号，照搬了文艺复兴时期的意大利建筑师安德列亚·帕拉迪奥所设计的位于维琴察古罗马广场旧址南端的市民大会堂）。

青岛气象天测所和大港火车站在建筑外观装饰上基本上采用了与拉查鲁维茨的德国海军野战医院类似的思路，主要是在墙基部分或门洞周围运用花岗岩石块，增强建筑的肌理效果和厚重感，但建筑师锡乐巴和魏尔勒设计的德华银行比前两者更加大胆，他们在这座带有明显的意大利文艺复兴风格的建筑的各个立面上几乎全部装饰了花岗岩饰面。

从上面的建筑中我们可以看出，由德国建筑师从欧洲输入的这种新艺术风尚已经在青岛的建筑中逐渐蔓延开来。

拉查鲁维茨初到青岛就没有能够抵制住新艺术风格的诱惑，他自己也是领导青岛建筑的新艺术潮流的建筑师之一。但是，到他设计总督官邸的时候，他对新艺术显然有了比他的同胞建筑师更深刻的理解和更灵活的把握。换句话说，他的总督官邸既源于新艺术，又超越了新艺术。他的风格，不只是"一池萍碎"，而是"春色三分"，多元混融，最后形成了他独有的风格。

具体而言，这座建筑至少融会了如下风格元素：欧洲古堡或新艺术风格的花岗岩外墙、青岛当地渔村的花岗石墙基、中国式的女儿墙、孟莎式屋顶（mansard roof）和中国式的重檐屋顶、中国式的窗饰和门饰图案、印度伊斯兰风格的塔和庙的元素，等等。但是，正如上文所说，这绝不是一种生硬的风格拼凑，而是一种完美的融合：可谓融汇东西、会通古今、亦雅亦俗、亦精亦粗，最终融合成为一种既规则又奔放、既原始又现代的美学特质，并且确立了青岛建筑后来的风格走向。

三　总督官邸对青岛建筑风格的影响

自从青岛有了总督官邸这座具有示范性和标志性意义的建筑之后，青岛的建筑基本上是以这座建筑的美学风格为基础（或基本配方），朝着稍微简化的方向发展的，也就是说，以西洋建筑的形态为基准，以红顶黄墙（或白墙）为主色调，以花岗岩砌筑为装饰，粗细相济、雅俗兼备，创造出庄重而大方、华美而又自然的艺术效果。

我们大致可以从 1909 年开始，直至 20 世纪 40 年代，为青岛的这种风格的建筑清理出一条清晰的线索。

（一）1909 至 1914 年间，有德华大学（1909 年）、胶澳电气事务所（1909 年）、青岛基督教堂（Qingdao Protestant Church，1908—1910 年）、侯爵庭院饭店（Hotel Fuerstenhof，1910—1911 年）、美国领事馆（1912 年）、马克斯·吉利洋行（Warenhaus Max Grill，1911 年兴建）、青岛天文观象台旧办公大楼（1912 年）和青岛观象台（1910—1912 年）。

这里特别要强调的是青岛观象台主楼，即旧办公大楼。该楼由德国建筑师保尔·弗里德里希·里希特设计，最初名为“皇家青岛观象台”，1910 年 6 月奠基，1912 年 1 月落成。现存主要建筑就是这座城堡式七层石砌办公大楼。楼的主体全部为花岗岩石砌结构，带有浓厚的欧洲中世纪城堡风格。可以说，这样一种整体以石砌覆盖全楼的做法，是由欧洲新艺术运动推动、直接由拉查鲁维茨引发的自然主义和原始主义美学冲动的一次大发泄，它与上述其他建筑的不同在于，其他建筑在原始主义和自然主义方面、在抒发奔放无羁的美学激情方面，都采取了比拉查鲁维茨还要谨慎和收敛的形式，唯有保尔·弗里德里希·里希特的表现有过之而无不及。

（二）1915至1945年间，虽然日本人夺走了德国人在青岛的管辖权，但是，青岛建筑和城市的风格的走势却依然按照它固有的轨道持续地运行。我们可以看到，从1919年青岛修建普济医院开始，后面所修建的建筑，如1921年修建的青岛日本中学校、1923年修建的浸信会礼拜堂（济宁路31号）、1930年修建的青岛观象台圆顶室、1931年修建的两湖会馆、1932年修建的花石楼、1945年修建的青岛美国酒吧（US Bar），所有这些建筑，就美学风格而言，全部都处在总督官邸的统领之下，虽然偶有例外，但是并不影响青岛城市建筑表现出来的这一条处在主宰地位的明晰的审美风格主线。

综上所述，在青岛德统时期一直活跃在建筑设计和管理第一线的建筑师拉查鲁维茨，通过其设计代表作青岛德国总督官邸，创造出了一种东西融通、雅俗兼备、原始而又现代、奔放而又理性、带有浓厚乡土特色的美学风格。这种通过博采约取、混纺出新而创造出来的独特的风格，主导和规定了青岛近现代建筑的基本风格。在我们日益为城市的同质化而苦恼和焦虑的今天，拉查鲁维茨的建筑设计和青岛近现代风格的形成之间、建筑师个体和城市整体之间的简单而又复杂的关系，不仅非常值得城市管理者和建筑师认真思考，而且也值得建筑和城市研究者给予更多的关注。

青岛德式建筑漫笔

王　栋

一　海滨旅馆：汇泉湾畔的百年守望者

1897年11月，以两名圣言会传教士在鲁南被谋杀为借口，德国皇帝派遣其驻远东的巡洋舰队在距其本土万里之遥的中国东海岸占领了一个名为"胶澳"的宁静海湾。优越的地理位置和气候条件，再加上滨海丘陵地带的山形海势，让这座后来被命名为"青岛"的城市逐渐成为了世界著名的避暑度假胜地。而1903至1904年，在汇泉湾畔建成的海滨旅馆（Strand Hotel）也成为了青岛第一座具有避暑疗养、休闲度假功能的大型高级酒店。虽然历史进程的跌宕与曲折没有让海滨旅馆传承延续至今，但一百多年前的建筑却作为历史与记忆的重要载体，基本完好地保存下来。光阴流转，今天，这座百年建筑已悄然跨越两个世纪的岁月，依然面向大海，守望在汇泉湾畔，见证着这片海滩，也见证着这座城市的历史……

1. 汇泉湾畔的著名天然浴场

倘若我们想要追溯海滨旅馆的沧桑往事，一切还都要从与其咫尺之遥的第一海水浴场说起。位于汇泉湾畔的第一海水浴场是青岛最著名的天然浴场。自远古的地质时期开始，由于海浪的堆积作用，青岛沿岸的砺石被不断地打磨成细小的沙砾，并在海滩上沉积起来，逐渐形成了大片沙质细软、岸坡缓平的海滩。同时因为汇泉岬的阻挡，使进入海湾内的涌浪渐次衰减，非极端天气下仅能形成浪高一米左右的波涌。因此，这里非常适合踏浪游泳。

在青岛开埠之前，这片半圆形，东西长约六百米、宽达四十余米的沙滩只是附近会前村村民泊舟晒网的场所。每当鱼汛季节到来，这片平日里空寂的海滩大概也会热闹起来，黄昏时分，展现出一幅渔舟唱晚的优美画卷。

德国租借胶州湾之后，胶澳总督府在1901年将这片海滩开辟为奥古斯特-维多利亚湾（Auguste-Viktoria Bucht）海滨浴场。此后的每年夏天，都会有来自远东其他城市的欧美游客前来消暑游泳。此外还有附近的芝罘（今烟台）、天津等附近条约通商口岸的观光者，也有从上海、北京、汉口、中国香港、日本神户等地远道而来的疗养客。一些富有的外商还陆续修建了各式各样仅供私人使用的小型木结构更衣室。这些木屋在海滩上一字排开，最多时可绵延一英里。[1]

---

1 Torsten Warner，*German Architecture in China-Architectural Transfer*，Ernst & Sohn，1994，267.

2. 赏心悦目的德式建筑风格

实际上，早在海滨浴场开放之初，德国胶澳总督府就有计划在此招商引资建造一座高档的滨海度假酒店。按照其要求，“这座旅馆除了包括餐厅与社交厅，还应配备大量房间，其中许多房间可用作冬季公寓。旅馆大楼应配备一流的卫生基础设施，尤其需设地下室和排水设施。……大楼将成为周边环境的点缀，因此所有立面都应进行精心设计。附属建筑不能紧邻街道建设，而应当隐藏在植被之后。地块上仅可建少量马厩，并应尽量远离居住区域。旅馆必须在 1903 年 6 月 1 日之前完工。1908 年之前，总督府不会在此批建其他旅馆”[1]。

或许是受盈利前景和投资回报并不乐观等因素的影响，开始并没有任何德国公司或个人有意愿营建这座旅馆。直到 1903 年，由德国商人和银行家在 1900 年 7 月创建的合资公司青岛饭店股份协会（Tsingtau Hotel Actien-Gesellschaft）才决定落子汇泉湾，在此建造旗下的第二座饭店。此前，该协会曾斥资 12.5 万元从一名上海的德商手中收购了威廉皇帝海岸（今太平路）的海因里希亲王饭店[2]。由于研究者至今也无法找到最初的图纸和建筑师的名字，因此我们猜测这座旅馆也一如青岛的早期许多建筑，很可能并不是在当地设计完成的。

应该是希望赶在 1904 年的夏季就开门纳客，旅馆的施工仅用时不到一年。建筑师或业主显然顾及了胶澳总督府的要求，对旅馆是否能够符

---

1 Christoph Lind, *Die architektonische Gestaltung der Kolonialstadt Tsingtau 1897–1914*, 1998, 113–114.

2 海因里希亲王饭店 1998 年拆除，原址改建泛海名人酒店。

合和融入所在环境等因素进行了充分考量。建筑在体量、风格和视觉上都进行了精心设计，使之能够与前面开阔的海滩、背后起伏的丘陵以及不远处的伊尔蒂斯兵营更加协调。同时，在旅馆主立面的装饰上，不知名的建筑师娴熟地将半仿木结构运用其中，并与清水墙白线勾边的外立面相搭配，给人极为赏心悦目的舒适感。

这座大型旅馆在竣工开业之际被命名为 Strand Hotel（海滨旅馆，亦译作沙滩饭店）[1]，三层 12 米高、平面呈“H”字形的建筑正对浴场开阔的海滩。面向大海的建筑中段各层都伸出开放式木结构的明廊作为客房的阳台，可让游客足不出户即可凭栏领略优美的海景。旅馆主入口三座并排的拱形大门向外凸出，上方是清水砖砌成的内阳台，一层内阳台两侧各有一根带有花萼柱头的装饰立柱。内阳台上方为露台，露台后侧为半仿木结构的立面山墙[2]，屋顶处理为个性化的折角，折角上方是一个装饰性的标志塔楼。德国学者华纳（Torsten Warner）认为，海滨旅馆与同期德国东海岸各大浴场修建的旅馆并无区别。[3] 但建筑相对奢华的主入口与简单的木结构外廊组合出的南立面，似乎却隐约显露出投资方在对总督府“精心设计”的要求和造价成本上的矛盾与摇摆。

---

1 海滨旅馆的全称是 Strand Hotel Prinz-Heinrich，意在指出其与威廉皇帝海岸（今太平路）的海因里希亲王饭店系出同门。

2 Christoph Lind，*Die architektonische Gestaltung der Kolonialstadt Tsingtau 1897–1914*，113–114.

3 Torsten Warner，*German Architecture in China-Architectural Transfer*，267.

3. 面朝大海的高档度假酒店

海滨旅馆的空间布局明显参考了 1899 年 9 月开业的海因里希亲王饭店。但与前者不同的是，新馆的外立面设计没有添加任何中式的装饰元素，而是采用了欧洲中世纪古老的砖木结构。究其原因，或许是基于建筑师或投资方的审美，但也可能仅仅是经济上的考虑。

旅馆大门内是高大、宽敞的门厅，中间为设计精美的铁艺楼梯，内设 31 套附带阳台、浴室的双人客房，北侧通过内走廊连接各房间。旅馆内的餐厅、会客厅、舞厅、游泳池和阅览室等设施也一应俱全。建筑北侧不远是一个周长 1.5 英里、附设看台的跑马场，从旅馆北向的走廊就能观看到激烈的竞马比赛。在没有比赛的日子里，德国海军第三营的日常训练也会引起不少游客的注意，并对之津津乐道。

盛夏时节，为营造轻松、休闲的度假气氛，吸引更多的欧美游客，第三营军乐队每周都会在 1901 年建造的两座浴场音乐亭内演奏欢快的乐曲。此外，海军还有专人在浴场负责教授游泳。海滨旅馆则向入住的游客提供免费的游泳更衣设施，因为不住旅馆，需要向总督府缴纳一定数量的疗养捐。由于设施完备、服务齐全，更为重要的是拥有优美的环境和舒适的气候，每当青岛的旅游旺季来临之际，海滨旅馆的住房都会被预订一空。如果没有提前预订，就必须自己另寻住处了。根据《青岛及其近郊导游》（*Führer durch Tsingtau und Umgebung*）的记载，仅在旅馆开业的 1904 年 7 月，就有 72 位游客因旅馆满员而无法安排居住。[1]

1　Fr. Behme und M. Krieger，*Führer durch Tsingtau und Umgebung*，Wolfenbüttel，1906，82.

虽然海滨旅馆成功的定位与经营为股东们带来了良好的回报，但令人遗憾的是，董事会的经营理念的分歧也日益扩大。再加上协会的两位重要的成员礼和洋行（Carlowitz & Co.）董事沈宝德（Adolf C. Schomburg）和德华银行青岛分行经理霍曼（Max Homann）相继回国，青岛饭店股份协会于1911年宣告解散。海滨旅馆也被异军突起、试图在此后一统青岛饭店行业的哈利洋行（Sietas，Plambeck & Co.）并购。[1]

4. 迎来史上最为尊贵的客人

1912年9月28日，海滨旅馆迎来了其百余年历史上最为尊贵的客人——当时刚刚卸任临时大总统的孙中山（1866—1925年）。根据上海《德文新报》(*Der Ostasiatische Lloyd*）的报道，孙中山自济南顺访青岛的同行人员共40人，包住了海滨旅馆的16个房间。9月29日下午两点之后，孙中山在秘书陪同下，以私人身份到总督府拜会了胶澳总督麦维德（Alfred Meyer-Waldeck，1864—1928年）。出于礼节，麦维德在傍晚时分到海滨旅馆回访了孙中山。孙中山与麦总督探讨了中国的政治形势，并高度评价了青岛近14年里的发展。同时，孙中山还认为青岛的造林、港口建设、城市发展都给他留下了特别深刻的印象。他认为青岛是城市建设的一个范例，中国完全可以按照这个榜样来建设自己的国家。在听取了麦维德介绍青岛特别高等学校（亦称德华大学）后，孙

1 哈利洋行在1911年并购了海滨旅馆和同一旗下的海因里希亲王饭店后，又陆续在1912年和1914年收购了胶州饭店和中和饭店，基本上将青岛主要的酒店纳入麾下（Wilhelm Matzat，*Short History of the „Prinz Heinrich Hotel“ in Qingdao*，2012，未刊稿）。

中山还表示德国的教育体系比英美的更适合中国，更可做中国未来的典范。[1]

在青岛逗留的4天里，孙中山并未参与和组织任何形式的政治集会。9月30日，他先是到胶海关进行了拜会，然后与其陪同和随行的女眷们出席了广东会馆的招待会。随后孙中山又前往青岛特别高等学校参观，并发表了一个演讲。下午，身为基督徒的孙中山又前往山西街双鹤里的青岛基督教青年会参加活动。10月1日是孙中山在青岛的最后一天，他与随行人员前往崂山游览，并考察了沿途的造林和道路建设。

1914年6月末，由于奥匈帝国王储费迪南德大公（Franz Ferdinand，1863—1914年）夫妇在萨拉热窝遇刺身亡，整个欧洲笼罩在一片阴霾的战云之下。而远隔万里的青岛此刻却丝毫没有关于战争的迹象，海滨旅馆在夏季来临之前就被预订一空，在军乐队的欢快乐曲中，海滩上挤满了纵情饮酒欢歌的游客。但是正如一些敏感人士所预感的那样，战争终于在7月28日爆发了。随后，8月4日，英国对德宣战的消息也得到了证实。“人们想到了青岛也会遭到敌对国的狂轰滥炸，因此在之前两个星期内每天都有快乐人群光顾的热闹海滩，变得好像火车驶离车站后，月台上空寂无人一般……”[2]英国在亚洲的盟友日本也趁火打劫，于8月15日对青岛的德国当局下达了最后通牒，并派遣舰队封锁了胶州湾。8月23日，就在最后通牒下达后不久，战争即在德国鱼雷舰S-90和从威

1　一禾：《孙中山访问青岛史事详考》，青岛新闻网城市档案论坛，2005年6月14日。

2　大泷八郎：《胶海关十年贸易报告（1912–1921）》，载青岛市档案馆编：《帝国主义与胶海关》，中国档案出版社，1986年，第150页。

海卫前来的英国驱逐舰“肯奈特”（HMS Kennet）之间展开，滞留在海滨旅馆的人们甚至能够从房间的窗户就能看到两舰相互对射的场面。[1] 11月7日，德国人在抵抗了两个半月后，终因寡不敌众宣布投降。

5. 易帜改为日商饭店别馆

日据青岛后，海滨旅馆被守备军当局没收，并被当作敌对国资产进行拍卖。株式会社大阪ホテル的创办者之一日商尼野源二郎（1866—1920年）敏锐地察觉到了青岛未来的发展前景。1915年2月，他获得了青岛守备军司令部的许可，委派经理村田进行实地考察，计划将海滨旅馆、中和饭店等德租时期的旅馆酒店悉数接收，并纳入大阪ホテル旗下继续经营。但由于股东之间存在异议，这一设想未能实现。于是，尼野另起炉灶，召集意见相同的股东创立了グランドホテル株式会社（青岛大饭店）出资接手。在获得经营许可后，于是年4月开业，海滨旅馆成为了青岛大饭店的别馆（东馆）继续经营。此后不久，尼野即因经营出现困难，将海滨旅馆等产业转让给了其合伙人投资商大岛甚三。自此至日本战败投降的30年间，海滨旅馆的经营权一直掌握在日商手中。[2]

1915年10月在青岛和日本国内同时出版的《日独之役青岛名所写真帖》曾对当时的海滨旅馆和浴场这样描写道：“洁白的浪花拍打着金色的沙滩，海边吹起阵阵的微风，这里是远东最热闹、最理想的海滨

1　大泷八郎：《胶海关十年贸易报告（1912-1921）》，第152页。

2　石上钦二：《尼野源二郎氏傳》，尼野源二郎紀念志刊行會，1921年。

浴场。在自然美丽的景致上，再加上人工的点缀，有高大雄壮的海滨旅馆，有漂亮别致的音乐亭，还有数十间并排而立的更衣室，看上去就像是座小城。如果是在秋天的霜降之后，绿树红叶交相辉映，将背后的伊尔蒂斯山麓‘装扮得’或浓或淡，像一幅绚丽的织锦缎画页，耀眼夺目得令人眼花缭乱……”[1]1919年久松阁出版的《青岛案内》则认为，位于海水浴场的海滨旅馆每年夏天都会迎来很多外国避暑游客，虽然在日本人中也很受欢迎，但是主要客源还是来自欧美。虽然建筑是德租时期建造的，但内部都按照日本人的需求进行了改善，因此不会带来不适之感。[2]

6. 青岛高教转折的重要会址

1929年7月8日，一次关乎青岛高等教育转折的会议在海滨旅馆（亦称汇泉大饭店）召开。根据学者刘逸忱在《国立青岛大学筹建往事》一文中所述，当日下午，国立青岛大学筹委会在此举行了第二次会议，这也是自1928年8月成立以来，筹委会最重要的一次会议。本次会议由时任教育部长蒋梦麟（1886—1964年）主持，蔡元培（1868—1940年）、何思源（1896—1982年）、袁家普（1873—1933年）、傅斯年（1896—1950年）、杨振声（1890—1956年）、赵太侔（1889—1968年）、杜光埙（1901—1975年）、王近信（1894—？年）、彭百川（1896—1953年）等9位委员全部出席。[3]

1　三船秋香:《日獨之役青島名所寫真帖》，三船审美堂，1915年，第86页。

2　高桥源太郎:《青島案内：附・山東沿線小記》，久松閣，1919年，第171—172页。

3　刘逸忱:《国立青岛大学筹建往事》，载青岛市市南区政协主编:《青岛城市化的早期步履》（文明之火卷），中国海洋大学，2018年，第151页;《华北画刊》中华民国18年（1929年）第28期，第2页。

这次筹备会议听取了筹备委员会主任何思源有关国立青岛大学筹备情况的报告，确定了学科设置、院系人选、经费筹措、校址扩充、招生工作、开学日期及在济南设立实习工厂和农事试验场等一系列事项。会议最后公推何思源、傅斯年、杨振声、赵太侔、王近信为国立青岛大学筹委会常务委员，并基本确定了这所国立大学的雏形。[1]1930 年 9 月，在由昔年德军俾斯麦兵营改建的校园里，国立青岛大学迎来了第一批学生。也开启了青岛高等教育史上最为辉煌的黄金时期。

1945 年 8 月，日本战败投降。海滨旅馆被一个月后进驻青岛的美国海军陆战队第 6 师征用，先后曾为第 6 师所属第 22 团和第 29 团的军官公寓和士兵之家。[2]1949 年之后，在很长一段时间里，海滨旅馆一直为部队用房。改革开放后，曾用于出租开设过旅馆、夜总会等。20 世纪 90 年代，美国退休外交官、作家江似虹（Tess Johnston，1933—　），追寻前人足迹来到青岛，在看到当时的海滨旅馆后曾这样写道："……重新装修并没有破坏海滨旅馆典型的德意志特色……尽管这里已经不再作为旅馆营业，敞开式的明廊仍在炎炎夏日里给人放松、清凉的感觉……但最吸引人的还是旅馆白色与玫瑰色相互映衬的清水砖墙……"[3] 彼时的海滨旅馆院内还开设过一处冷饮部，许多青岛人还有过从"一浴"穿过南海路购买冰糕和汽水的经历。炎炎夏日里，那种清凉的感觉至今记忆

1　刘逸忱：《国立青岛大学筹建往事》，第 152 页。

2　Fred Greguras，*U. S. Marines in Tsingtao China 1945–49*，2014.

3　Tess Johnston Deke Erh，*Far From Home：Western Architecture in China's Northern Treaty Ports Eve's*，Book Garden，1996，100–101.

犹新。

2002 年，青岛城市建设集团股份有限公司将这座老楼买下，作为公司驻地。他们本着对历史建筑负责的态度，组织专家反复论证，并制定了详备的修缮方案，精心组织施工，使历经了一个世纪岁月沧桑的老建筑焕发了新的光彩。

二 德租时期青岛主要的导航灯塔

德国租借胶州湾之后，为了尽快建造一座可通行大型轮船的港口，立即着手对租借地海域进行测量与勘察。在港口最终选址选定并开始建设后，为确保界内海域航道的畅通，自 1898 年起，德国总督府就开始在租借地内的海岬、近海岛屿、礁石等处设立简易的灯光，为入港船只提供有效的导航与指引，此后陆续建成了永久性的导航灯塔。与彼时国内其他口岸的灯塔均由海关建造和管理不同，青岛沿海的所有灯塔均由港务管理部门负责建造和管理。[1] 这些随城市肇建应运而生的灯火，已默默地与海浪不断冲刷的海岸或岛礁相伴百年。它们看见过风平浪静，也遭遇过恶浪滔天，同时也见证了这座城市曲折的发展历程。

1 据 1858 年《中英天津条约》规定："通商各口分设浮桩、号船、塔表、望楼，由领事官与地方官会同酌视建造。"附约《中英通商章程善后条约》中也规定："任凭总理大臣邀请英人帮办税务并严查漏税，判定口界，派人指泊船只及分设浮桩、号船、塔表、望楼等事，毋庸英官指荐干预。其浮桩、号船、塔表、望楼等经费，在于船钞项下拨用。"此后，各通商口岸所建灯塔皆由海关管理。

1. 游内山（团岛）灯塔：照亮胶州湾口的白亮光芒

团岛位于青岛半岛的最西端，1898 年之前，它还是个只在退潮时才与海岬有一道沙岗相连的小岛，在小岛隔海相望的北面是海拔仅 24 米的游内山。由于扼守胶州湾湾口，海岬距对岸的薛家岛仅 3 000 余米，湾口处不但水流湍急，而且分布着暗礁，在这里如果没有先进的导航设施，将严重阻碍胶州湾作为一个优良港口的发展前景。于是，在团岛修建一座出入港指示灯塔就成为德国租借后最早开始的建设项目之一。《胶澳发展备忘录》（1898.10—1899.10）中对游内山灯塔的修建这样写道："计划修建潮涟岛导航灯和游内山出入港指示灯，预计后者的灯塔为先建项目，游内山灯塔灯光高出水平零度线 35 米，其塔身在 1898 年已砌筑了一段，灯塔可望在 1899 年 12 月全部完成，灯具及发光设备均从德国运往保护区……"[1]1900 年 11 月，游内山灯塔在灯具及相关设施安装完成后于 12 月 1 日发出了胶澳青岛第一束白亮的光芒，这是两组采用电力发出的闪光，天气晴朗时，照远可达 16 海里。[2]这座圆柱形石砌灯塔的启用，也标志着进出胶州湾的船只在夜间也能安全驶入内港锚地。

1914 年 8 月，日本攻击青岛。为了避免扼守要地的游内山灯塔成为日本海军舰炮轰击的坐标，灯塔被德国工兵炸毁。1919 年 8 月，日本当局又在原址新建了一座灯塔。新灯塔是座八角形的石砌建筑，高 50 英尺，塔上新装一盏固定的三级亮度的屈光射线灯，可在 15 海里外看到

1 青岛市档案馆编：《青岛开埠十七年——〈胶澳发展备忘录〉全译》，中国档案出版社，2007 年，第 51 页；《帝国主义与胶海关》，第 67 页。

2 青岛市档案馆编：《青岛开埠十七年——〈胶澳发展备忘录〉全译》，第 103、153 页。

灯光。[1] 此外，塔内还装有由内燃机带动的警报器，它在雾天每隔 30 秒发出警报哨声 3 秒钟。老青岛口口相传的海牛传说即由此装置所发出的低频警报而来。

与游内山这个名字渐渐被遗忘不同，岁月的变迁并没有更改团岛灯塔的重要作用。今天，它依然傲立于胶州湾口，为进出的各类船只指引航向。而关于灯塔本身，或许还有许多至今仍无定论或尚未彻底揭开的谜团，需要那些渴望知晓答案的人们继续探求和发现。

2. 小青岛灯塔：近海小岛上的“琴屿飘灯”

在青岛前海海岸的正南方，有一座面积仅为 0.024 平方公里、海拔 17 米的小岛。它距离东侧陆地海岸仅有约 400 米，最初并没有与陆地相连。德国租借胶州湾后，曾将小岛命名为“阿克纳岛”（日据时期改名“加藤岛”）。1899 年 12 月，德皇威廉二世为租借地中心城市命名时，就采用了这座小岛的中国名字——青岛。

在胶州湾内的港口未建成前，城市发展所需的物资多通过海路，从青岛湾转卸小船，再由栈桥西侧海岸抢滩登陆。1900 年冬，港务部门在小青岛上设立了两盏绿色的灯光，用来向靠泊的航船指引锚地。1904 年，又在岛上建造了一座永久性的导航灯塔。由德国政府建筑师埃瓦德·帕布斯特设计的灯塔为八角形，白色石灰岩砌成的塔高 12.5 米，分上下两层，塔顶部装有一盏乙炔气灯，每 3 秒钟闪红光一次，天气晴朗时，可

1　青岛市档案馆编：《帝国主义与胶海关》，1986 年，第 166 页。

以在 4 海里外看到。[1]

1914 年的战争期间，小青岛灯塔被德军自行破坏。入夜后，曾经灯火通明的灯塔也和失去电力的城市一样，遁入了深邃的黑暗。次年，日本当局将灯塔修复，并在 1921 年将灯塔的照明设备更新为先进的五级亮度屈光射线灯，每 5 秒闪红光一次，天气晴朗时，可以在 15 海里外看到。[2]20 世纪 30 年代，随着青岛城市地位和形象的提升，小青岛灯塔也逐步成为这座年轻城市的标志性景观。1936 年评选出的“青岛十景”中，“琴屿飘灯”所指的就是夏夜满潮时，远观似起伏于波涛中的小青岛灯火的诗般景色。1963 年，灯塔进行大修和设备更新，塔上安装了一支直径 500 毫米的旋转式牛眼透镜，并用电力驱动发光，射程为 12 海里。[3]至今许多青岛人或许都还会对从栈桥两侧海岸远眺小青岛灯塔间歇闪动的红色灯火记忆犹新……

1988 年，改为军事禁区已近半个世纪的小青岛终获重新开放，园林机构在岛上种植了黑松、樱花、碧桃、石榴、木槿、紫薇等花木，在灯塔西侧增建了一座琴女雕塑。1997 年，小青岛灯塔再次大修，原有透镜退役，存于秦皇岛的中国航标博物馆展出。[4]2006 年 5 月 26 日，国务院批准小青岛灯塔为全国重点文物保护单位。如今的小青岛灯塔已是青岛前海旅游线上必不可少的重要景点。

---

1 青岛市档案馆编:《帝国主义与胶海关》，第 166 页。

2 同上。

3 山东海事局网站关于小青岛灯塔的相关资料。

4 青岛市档案馆编:《青岛开埠十七年——〈胶澳发展备忘录〉全译》，第 51 页。

3. 朝连岛灯塔：孤悬海外的百年守望者

朝连岛是一座距青岛东南 30 海里的孤岛。虽然长 1.5 公里，海拔 71 米的朝连岛面积仅为 0.3 平方公里，但因其是青岛乃至中国领海最东端的岛屿，可以为从青岛前往上海、日本，及前往青岛的船舶提供助航及定位，无论在军事还是民用航海等领域作用都非常重要。1898 年 3 月签订的《胶澳租借条约》将这座俗称为“猪岛”的小岛划入了德国的胶澳租借地。为了指引满载急需物资远道而来的船只前往青岛，1898 年 12 月，港务部门就在朝连岛上安装了一支视距为 10 海里的临时灯标，这支灯标也成为从南方而来的船只能够看到的第一个与青岛有关的导航标志。[1] 与游内山灯塔一样，朝连岛灯塔也是最早计划开建的灯塔之一。但由于距离陆地遥远，灯塔所需的建筑材料均需从青岛或别处运抵，其建造的过程也异常艰辛。根据《胶澳发展备忘录》记载，“1902 年，朝连岛灯塔的建造计划开始实施，先期进行的是巨大底座的建造和灯塔守护人员的住房建设。灯具是委托德国一家著名工厂制造的，计划 1902 年 10 月底运来，但因这个地处远海的小岛冬季气候寒冷，风大，所以灯具安装只能延迟到 1903 年 3 月”。1903 年 10 月，朝连岛灯塔交付使用。灰色砂岩砌筑的灯塔高 15 米，在高潮时离水面 80 米。白色的煤油炽灯可见距离为 21 海里，每 10 秒发出一次闪光。[2]

虽然孤悬海外、远离陆地，但地理位置重要的朝连岛灯塔也屡遭战火波及。1914 年 8 月，日本对德宣战，驻守朝连岛的德国人自毁灯塔设

1　青岛市档案馆编：《青岛开埠十七年——〈胶澳发展备忘录〉全译》，第 51 页。

2　青岛市档案馆编：《帝国主义与胶海关》，第 118 页。

施和部分建筑物后撤往青岛。一年后，修复后的朝连岛灯重新点亮，同时安装了雾笛，每隔 27 秒鸣 3 秒。[1] 战前，遇大雾天气，只能通过每 10 分钟燃放药线炮一次以示灯塔所在。1945 年 7 月 31 日上午，两架美国海军机飞抵朝连岛上空，并投下四枚炸弹和一枚烧夷弹（凝固汽油弹），致灯塔雾号、机器、宿舍等被毁。直至 1948 年 8 月，灯塔才恢复工作。[2]

如今的朝连岛灯塔——这座远离大陆的百年守望者——仍在发挥着重要的助航作用。2011 年，灯塔被国家文物局列为第三次全国文物普查百大新发现文物点之一；2012 年，被公布为区级文物保护单位；2013 年被公布为省级文物保护单位。[3]

4. 马蹄礁灯塔：胶州湾内的无人航标灯

马蹄礁位于小港外侧的胶州湾内，是一座只有退潮时才能露出海面的天然海礁。因其形状如马蹄铁，故在德租胶州湾后被命名为马蹄礁。而此前，这块黑褐色的暗礁却有一个更为诗意的中国名字：沧浪石。由于这块暗礁位于大港主航道内，因此在此建立一座为进出港船舶提供助航作用的灯塔就显得极为重要。根据《胶澳发展备忘录》的记载，坐落在马蹄礁西北端的灯塔建于 1903 至 1904 年，灯塔为石砌塔身，总高 12.2 米，塔身涂有白色和绿色水平色带，每 6 秒钟闪 2 次白光，天气晴

---

1 青岛港务局编：《青岛港概况及航路标识》，1926 年。

2 山东海事局网站关于小青岛灯塔的相关资料。

3 《朝连岛老灯塔挂上“重点文物”牌》，载青报网 2015 年 3 月 25 日。

朗时，照远可达 5 海里。[1] 虽然自建成起，马蹄礁灯塔就是一座无人值守的航标灯，但由于位于出入大港的转向点，并紧靠小港口门，马蹄礁灯塔也就成为了胶州湾内最重要的一座水上灯塔。

1914 年的德日青岛之战期间，为阻击日本舰队，德军将多艘军用、民用船只凿沉于大港航道内，马蹄礁灯塔也被破坏。一年后，随着沉船打捞、航道恢复，马蹄礁灯塔被修复后重新投入使用。一百多年来，这座位于胶州湾内、唯一保存至今的德建无人值守灯塔一直发挥着重要的作用。2011 年，海事部门再次对马蹄礁灯塔的设备进行更新，先进的 LED 灯器的射程已达 10 海里。[2]

5. 大公岛灯塔：荒草与飞鸟为伴

大公岛位于青岛东南的黄海海域，距陆地 14.8 公里，面积仅为 0.1555 平方公里。1908 年，为给由青岛前往烟台、大连等港口及其他港口前往青岛的船舶提供导向、助航及定位，港务管理部门在这座彼时只有荒草和飞鸟为伴的小岛的顶部设立了一座可视距离为 4 海里的红色信号灯柱。[3] 民国二十年（1931 年），又在临近的小公岛上设立了一座无人值守的电石气灯灯塔，11 海里内均可望见。[4] 资料显示，无人值守的大公岛灯塔虽在德租时期建造时间最晚，但却在随后屡毁屡建。1914 年德

1　青岛市档案馆编：《青岛开埠十七年——〈胶澳发展备忘录〉全译》，第 305 页。

2　《马蹄礁 107 岁老灯塔换了新“灯笼”安上新灯更亮还能抗 12 级台风》，载《青岛晚报》2011 年 8 月 24 日第 14 版。

3　青岛市档案馆编：《帝国主义与胶海关》，第 166 页。

4　刘逸忱：《胶海关收回灯塔管理权考略》，见中华人民共和国青岛海关网站，2017 年。

日战争期间，大公岛灯塔曾被毁。1915 年 7 月，由日本当局进行重建。至抗战期间再次破坏，1946 年又进行了修复。1988 年 9 月，大公岛灯塔再次重建，改为高 10.4 米的白色玻璃钢制灯塔。1996 年 7 月又予以重建时迁离了原位置。[1]

三　安徽路 16 号：斯蒂尔洛家庭的青岛印记

安徽路 16 号，坐落着一座建于 20 世纪初，造型简约、风格质朴的德式别墅。与百年老街上其他历史建筑或被拆除或因年久失修而破败的命运不同，虽然一个世纪的时光已随青岛湾内的潮起潮落悄然逝去，但无论其外观还是内在，小楼的历史味道始终存在。仿佛在这座老房子里，时间还在静静地停驻。在成为嘉木美术馆并对外免费开放之后，无数或慕名而来、或信步而至的参观者，应该都会不禁发问，是谁，在什么时候建造了这座小楼？又有谁，一百多年间在这个德国牛舌瓦覆盖的屋檐下居住、生活过？无数的疑问也让小楼的前尘往事越发引人追寻……

1. 被街心公园一分为二的百年老街

安徽路是一条被街心公园分为东西两幅的街道，也是城市肇建初期，充分利用地势条件筑路设景的典范之一。在德国租借时期，安徽路被命

1 《青岛 5 座百年灯塔简介》，载《齐鲁晚报》2011 年 9 月 2 日。

名为阿尔贝特大街（Albert Strasse）。[1] 在青岛开埠前，安徽路所在的区域是一条季节性地表水经年冲积后形成的沟壑。当时因填埋的成本过高，所以在 1899 至 1901 年敷设道路的施工当中，将规划中的街道分为东西两条，后将冲积沟进行平整，遍植草木，辟为街心公园。在道路走向得以确定的同时，阿尔贝特大街两侧的土地即被分割出售。按照德国总督府的规定，这一区域仅限于建造附带庭院的独立住宅。

2. 斯蒂尔洛家庭的花园别墅

据总督府皇家土地局有效期至 1914 年 7 月的地籍图显示，安徽路 16 号所在地为第 23 号地的 318 号地块 [2]，其业主为斯蒂尔洛（Stielow）。[3] 而 1901 至 1914 年连续出版的《德属胶澳通讯录》则显示，斯蒂尔洛来到青岛后，开始暂住在伊伦娜大街（今湖南路），后搬至霍恩洛厄街（今德县路）。1913 年 7 月出版的通讯录显示，此时的斯蒂尔洛已经与妻子和两个年幼的儿子住在阿尔贝特大街。[4] 显然，此时这个德国家庭已结束了租房迁居的状态，正式搬入漂亮的新宅。通讯录上的记载也间接说明了这座住宅在 1913 年 7 月之前业已建成。[5] 不过略显遗憾的是，由于早期档案的散佚，斯蒂尔洛住宅的建筑师及施工等信息目前还无从确证。

1　亦称爱贝街。1914 年日本占领后，将阿尔贝特大街与霍恩洛厄街（今德县路）路口以北的崂山街合并，并改名为大村町。

2　第 23 号地位于阿尔贝特大街、皇储大街（今湖北路）、卢伊特波尔德大街（今浙江路）及伊伦娜大街（今湖南路）的合围街区。

3　TSINGTAU Aufgenommen und bearbeitetdurch das Landamt 1. Juli 1914（参见马维立博客）。

4　Des Adressbuchs des Deutschen Kiautschou-Gebiets 1906，1907，1913（马维立提供）。

5　Adolf Haupt 1913 年再版的画册 *Album von Tsingtau* 的一张全景图上也已能够看到这座建筑。

斯蒂尔洛的这座花园别墅临街而建，主立面朝东，两层的建筑体量方正，上覆四坡屋顶，屋顶在东侧和西侧转折后，如孟莎屋顶般将二层覆盖，加大了屋顶的比例。建筑南侧设置一处凸出建筑主体的敞廊式阳台，可远眺青岛湾优美的海景风光。一层阳台设有石阶梯通往南侧庭院。建筑东侧的主入口设计了一个面向街道突起的双坡孟莎屋顶，连通一层的五边形凸窗，也使街道立面显得极为生动。

3. 被战争改变的命运

建造安徽路 16 号住宅的德国业主斯蒂尔洛是一位船舶机械师，1870 年 1 月 2 日生于德国北部城市罗斯托克（Rostock）。1906 年，36 岁的斯蒂尔洛来到青岛，并在蒸汽船“泰坦尼亚号”[1]上工作。同年 10 月 18 日，斯蒂尔洛与 20 岁的明娜·君特尔（Minna Günther）结婚，两个儿子——维尔纳（生于 1907 年）和奥托（生于 1909 年）——也在青岛相继出生。[2]斯蒂尔洛所在的“泰坦尼亚号”是一艘往返汉堡与青岛的货轮，1910 年开始被德国远东巡洋舰队雇用，成为携带煤炭、食品及其他必需品的补给船，游弋于大洋之上。第一次世界大战爆发前夕，“泰坦尼亚号”随海军上将施佩（Maximilian von Spee）率领的远东舰队前往南太平洋，

1　蒸汽船“泰坦尼亚号”（Dampfer “Titania”）1895 年 12 月 19 日在英国纽卡斯尔下水，开始为芬兰船舶公司所有，后为亨宝轮船公司购买。并于 1901 年 3 月成为第一艘抵达青岛港的轮船。1910 年，“泰坦尼亚号”成为德国远东巡洋舰队的补给船。1914 年 11 月，沉于南太平洋。（沉船位置：S33°50′ W81°42′）

2　参见 Hans-Joachim Schmidt 发表在网上的“Die Verteidiger von Tsingtau und ihre Gefangenschaft in Japan（1914 bis 1920）”（http：//www.tsingtau.info/）。

船舶机械师斯蒂尔洛的人生命运也随之发生了改变。

1914年10月29日，施佩舰队在克罗内尔海战中获胜，随后试图经合恩角返回德国。航速较慢的“泰坦尼亚号”在11月中旬自沉于南太平洋，显然德国不想让英国得到这艘船和上面的任何物品。12月8日，施佩舰队在福克兰海战中全军覆没。幸运的是，包括斯蒂尔洛在内的船员此前已在南美某港口上岸，并滞留在美洲。斯蒂尔洛直至“一战”结束后的1920年才与妻儿团聚，并返回德国。1923年，青岛结束了被日本占领统治的状态，斯蒂尔洛也回到这座城市，并为多家进出口公司工作。1937年11月23日，67岁的奥托·斯蒂尔洛过世。[1]

4. 斯蒂尔洛太太的“德国之家”

在斯蒂尔洛滞留美洲期间，年轻的斯蒂尔洛太太明娜和两个孩子一直留守青岛。回到德国后，斯蒂尔洛夫妇唯一的女儿玛莱丝（Marlies）在1921年出生。1923年，明娜随丈夫返回青岛，两个儿子留在了德国国内，两岁的女儿则被带在身边。重回青岛之初的斯蒂尔洛一家居住何处，现有资料并无更多记载，但显然他们已经失去安徽路16号的那座花园别墅。1934年，斯蒂尔洛太太在今福山支路10号开设一家名为“德国之家”（German House）的私人旅馆，许多来青岛游览观光的德国人都曾在此暂住。从1927年至20世纪30年代末，明娜还作为教师在江苏路的德国侨民学校教手工。1943年，经营已10年之久的“德国之家”歇

1　Wilhelm Matzat，*Die Deutsche Gemeinde in Tsingtau—1898 bis 1946.*

业关闭。1949 年，斯蒂尔洛太太与许多坚持留在青岛的西方人一样被驱逐后返回德国。1960 年 9 月 19 日，明娜·斯蒂尔洛在威廉港去世，这座德国最重要的港口也是她 74 年前出生的城市。[1] 其女玛莱丝与母亲一同回国，2009 年过世。

5. 安徽路 16 号的“后德国”故事

安徽路 16 号住宅在被日本占领后，并无确切记载。但根据当时的情况，它显然会被日本军事当局作为敌产强行没收，并拍卖给日本侨民。20 世纪二三十年代，小楼的传承故事出现了一段空白。直至 20 世纪 40 年代，从江苏路迁来的福柏医院的大夫李绍华、石雪筠夫妇买下这所住宅。根据嘉木美术馆义工许运先生对一位熟悉情况的九旬老人的采访，李绍华、石雪筠夫妇买下小楼后，除了居住，也对外开设诊所，接待前来看病诊疗者。20 世纪 80 年代，李绍华夫妇相继去世，小楼也换了主人……[2] 2013 年 12 月 17 日，青岛首家公益性私人美术馆嘉木美术馆在安徽路上的这座德式小楼中悄然开馆，一座百年老建筑从此又开启了一段新的历史……

四　路德维希·温特与督署牧师住宅

位于今德县路 3 号的老房子是一座复古主义风格的德式建筑，在建

1 Wilhelm Matzat, *Die Deutsche Gemeinde in Tsingtau—1898 bis 1946*.

2 许运：《寻找嘉木小红楼的故事之一：儿科专家石雪筠与她的家》，嘉木美术馆公众号，2016 年。

筑大门的右侧钉立着一块“总督牧师官邸”黑色大理石铭牌。这块兼有保护和说明功能的铭牌显然是要告诉在旅游季节或按图索骥、或自由行走的游客们，这里曾经居住过一位专职为德国总督服务的牧师。可实际上，当年的总督从未有过如此待遇。在整个德租青岛时期，只设立过“督署牧师”一职，起初仅为兼职的牧师曾短暂租住于德县路 3 号，但时间未超过一年半。由此可知，官方设立的铭牌显然并不严谨，也存在着一定的误导。

而 1905 年成为专职督署牧师的路德维希·温特与其修建在观海山东麓的住宅，至今却鲜为人知。直到研究者通过已故波恩大学教授马维立联系上了温特牧师的后人，一段尘封于岁月之中的往事才浮出水面，逐渐变得清晰起来。

1. 来自维滕贝格的单身牧师

路德维希·温特（Ludwig Winter，1868—1920 年）来到青岛的时间是 1905 年春。时年已 37 岁却仍孑然一身的温特接替了此前辞职的许勒（Wilhelm Schüler，1869—1935 年）担任督署牧师一职。为满足远离家园的德籍雇员在心灵慰藉上的诉求，德国胶澳总督府在 1900 年始设督署牧师（Gouvernementspfarrer）一职，起初此工作暂由同善会的常驻牧师兼任。

根据已故波恩大学教授马维立（Wilhelm Matzat，1930—2016 年）博士收集的资料，路德维希·温特 1868 年 3 月 28 日生于德国东部易北河畔的维滕贝格（Wittenberg），是中学校长斐迪南·温特（Ferdinand

Winter）的儿子。1895 年，在完成神学学业后，温特在威廉港成为一名海军牧师。此后，温特从 1900 至 1901 年开始担任德国海军远东分舰队的随军牧师。[1]

德租青岛时期出版的《行名书》(*des Adressbuchs des Deutschen Kiautschou-Gebiets*）显示，温特牧师来到青岛后，并没有住在之前总督府曾为许勒租下的住宅，而暂居于伊伦娜大街（今湖南路）126 号。

2. 高坡之上的德式住宅

由于当时德国在北京、天津仍有部分保护使领馆和租界的驻军，山东省会济南府也有少量商人和外交人员，而这些地方均没有专职牧师。因此温特到任之后，也承担了这部分人员对于宗教的诉求。频繁奔波于三地与青岛之间让牧师的工作与生活忙碌而充实，或许也让他萌生了在青岛置地筑宅的想法。根据《青岛官报》的记载，1906 年 3 月，温特牧师花费 1 213.46 元购买了 12 号地的 82 号地块用于建造住宅。[2] 从当年的地籍图上看，这幅面积为 1 462 m^2 的土地呈三角形，与督署医院（今青大附院西院区）一街之隔，位于今观海山东麓高坡之上。不仅与规划中的新教教堂咫尺之遥，距建设中的总督府也步行可抵。

牧师先生的住宅应该在 1906 年圣诞节之前就完成了。温特的外孙克劳斯·黑纳（Klaus Hehner）先生提供的图片显示，这座典型田园乡间别

---

1 Wilhelm Matzat，“Winter，Ludwig（1868–1920），Gouvernementspfarrer”，in *Beiträge zur Geschichte Tsingtaus（Qingdao）—1897 bis 1953.*

2 《青岛官报》(*Amtsblatt für das Schutzgebiet Kiautschou*）1906 年 3 月 10 日，第 76 页。

墅风格的住宅朝向东南，与彼时之青岛相得益彰。主立面的梯形山墙和半木架构或许是受到了营部官邸、格尔皮克-科尼希别墅等早期住宅的启发或影响，高耸的屋顶和两扇大窗让阁楼也可得到充足阳光和合理利用。南立面二楼并排而设的四扇竖窗、主入口与东立面侧窗及侧山墙顶部均采用了哥特式尖顶券形式，侧山墙则装饰着欧式风格的连拱，或许这些都是基于牧师先生的信仰或审美而为之。由于房屋筑于高坡，且主要起居空间位于二层，因此连接内外的楼梯采用了“之”字形结构，并在楼梯转角处设置了一个小小的露台。

3. 参与教堂建设与迟来的婚姻

随着青岛城市的不断发展，定居的德国侨民日益增多。1899 年仓促而建的小礼拜堂（Kapelle）已无法满足需求。1907 年 2 月 10 日，信义会在《青岛新报》发布了新教教堂设计竞赛的消息。最终建筑师罗克格（Curt Rothkegel，1876—1945 年）的方案获得了第一名，温特牧师作为竞赛委员会成员参与了教堂方案的评审。这座保存至今的教堂于 1908 年 4 月 19 日始建，1910 年 10 月 23 日交付使用，但塔楼的设计采用了建筑师里希特（Paul Fr. Richter，1871—1945 年）和哈赫梅斯特（Paul Hochmeister）重新设计的方案。

1910 年夏，回国短暂休假的温特牧师也终于收获了迟来的婚姻。是年 9 月 15 日，42 岁的温特与小他 13 岁的艾米·朔恩多夫（Emmy Schondorff，1881—1959 年）在萨尔布吕肯结婚。但从 10 月 23 日已出现在新教教堂竣工交付的典礼上看，显然牧师先生并没有在德国度一个像样的蜜月，而是匆匆携妻不远万里回到了青岛。在这个如同节日般的交付典礼上，温特牧师不仅进行了布道，还做了一个奉献演讲。这两个讲话的文稿也被刊登在了此后出版的《青岛新报》上。[1]

高坡之上的牧师之家在随后几年也开始添丁增口，女儿伊尔泽（Ilse，1911—1997年）在1911年7月29日出生。两年之后的6月22日，儿子罗尔夫（Rolf，1913—1995年）也来到这个世界上。牧师先生独居近五年的住宅也有了变化，比较拍摄于不同时期的照片可以看出，牧师住宅南立面接建了两层探出墙体的硕大阳台和雨篷，楼梯转角处的小露台也用粗石进行了加高加固。显然这些增筑都是女主人到来后按其要求改建的。虽然阳台和加高的露台让牧师的住宅看上去略显怪异，但改建的确增加了住宅的使用空间。

4. 平静的生活被战争彻底打破

然而，就在儿子周岁不久之后的夏天，战争的爆发将牧师一家平静的生活彻底打破。日本在1914年8月动员了近6.5万的海陆军封锁和围攻德国已统治近17年的青岛，温特设法把妻子和两个孩子送到了位于黉山的德国煤矿，后辗转前往上海，他自己则留在青岛，参与这场毫无希望的城市保卫战。11月7日，在困守和激战近三个月后，德国宣布投降。潮水般涌入青岛的日本人开始了公然的抢劫活动。正在舍己救治重伤员的温特家中也遭洗掠，日军士兵闯入他的家中，撬开办公桌，将牧

1 Wilhelm Matzat，“Winter，Ludwig（1868-1920），Gouvernementspfarrer”.

师按照几位逝者遗嘱保管的钱物全部卷走。[1]

所有参与或未直接参与战争的适龄男子陆续被日军当作战俘投入了俘虏营。至1915年秋，留守青岛的德国人仅余三四百名老幼妇孺。温特牧师在这段艰难岁月中承担起在留守人士与日本当局之间互递消息的角色。1914年12月，日本人曾打算将使用不过五年的新教教堂没收征用，因为他们觉得这座建筑的空间很大，因此除基督徒外，它也应该供日本佛教徒使用。温特牧师呼吁留守的德国妇女每周日前往礼拜，以此证明保留教堂的必要性。这在1914年的寒冬中显得极为不易，因为战争的影响，教堂的电暖系统和教堂本身都遭到了破坏。但妇女们穿着袜套、裹着毯子，还带着日式小手炉等如期到来，用坚持和信念成功挽救了教堂。自温特牧师担任代言人后，他一次又一次地向日本当局投诉其无礼与暴行。这固然最大限度地维护了留守人员的权益，但最终也让日本人对他失去了耐心。1915年5月8日，日本当局勒令温特牧师在48小时内必须离开青岛；5月9日，星期天，温特在新教教堂最后一次主持礼拜，并举行了告别仪式；次日，他乘坐火车前往上海，与家人团聚。

5. 艰难时期的最后时光

1915年10月，温特应邀去了天津，担任当地一所留守德国儿童学校的校长。曾在青岛获得成功的房地产商人阿尔弗莱德·希姆森在其回

1　W. Vollerthun, *Der Kampf um Tsingtau*, Leipzig, 1920, 171.

忆录中也提到温特牧师，他们不仅交往愉快，希姆森女儿莉莉的坚信礼也是温特主持的。据温特的外孙黑纳提供的资料显示，牧师先生在津期间，还与周叔迦（1899—1970 年）有过交集。温特与当时还不满 20 岁的周叔迦共同参与了一本名为《中国优秀礼仪》(*Die gut Sitte in China*）的书的出版。[1]1917 年 7 月，中国对德宣战，滞留在华的德国人的处境每况愈下。1919 年春，在英国人的干预和胁迫下，北洋政府终于决定驱逐 50 岁以下仍留在天津的德国人，虽然已年过五十，但温特牧师仍被列入了遣返名单。回到德国后，牧师一家定居在法兰克福。不幸的是，仅仅一年后，路德维希 · 温特牧师就因罹患疟疾于 3 月 22 日去世，享年 52 岁。

6. 住宅旧貌依稀可辨

温特位于青岛的住宅因其曾任督署牧师并被日本当局驱逐，显然难逃被没收的命运。但此后关于这座建筑的用途已无从考证。2016 年初春，当历史研究者按图索骥，前往探访牧师住宅时，发现这座被各种新旧建筑层层包裹的住宅不仅没有得到应有的保护，而且已被改造得面目全非……具有鲜明德式风格的屋顶被改为平顶三楼，探出墙体的阳台和粗石加固的露台封闭成为可居住空间，面南的四扇窄窗和连拱装饰的侧山墙也早已无迹可寻……只有从“之”字形的楼梯和主入口及其侧面的尖顶券中还依稀可辨建筑昔日的旧貌。

---

1 据温特牧师外孙黑纳提供资料。

从牧师住宅向南看去，一座建于 20 世纪 70 年代的多层居民楼已彻底挡住了其眺望新教教堂的最佳角度，而破败的环境和由医院带来的车来人往的嘈杂也不由得让人心生感慨。可教堂的准点报时和礼拜日悠扬的钟声却依然可以穿越屏障，在这座百年老宅周围萦绕回荡……

五　静候驰隙：青岛德国海军士兵俱乐部的岁月流转

在青岛老城最主要的商业大街中山路上，与湖北路相会的路口东北侧处，有一幢依坡而建、造型简约质朴的老建筑。最初，它曾是驻防德军士兵与士官娱乐休闲的水手之家。随着一百多年来这座城市发展历程的跌宕起伏，饱经沧桑的老建筑亦裹挟于命运之中，在不断地变换着使用者的同时，也忠实地记录着这座城市命途多舛的历史变迁。2015 年春，已出现“严重的支柱、墙体歪斜”的百年老建筑搭起脚手架、蒙上绿色网罩展开大修。翌年 6 月，施工基本结束。新颜展露的老房子华丽转身，不仅依然迎接着南来北往的国内外游客，也诉说着静候驰隙的沧桑往事……

在青岛这座城市的肇建初期，是谁提议设立的这座俱乐部，又是谁设计、建造了附带塔楼的老建筑？在沉淀于岁月的城市发展历程当中，它又曾经有过哪些不为人知的岁月流转？这一切围绕着这座老建筑产生的疑问，也不由得引人去发现与探寻……

1. 溯源：德国亲王发起建造的俱乐部

德国侵占胶州湾后，为巩固在占领区的防务，给签订不平等条约增加砝码，并为组建中的驻防军队提供必要的后勤保障，德皇威廉二世任命他的弟弟、普鲁士亲王海因里希（Prinz Heinrich von Preußen，1862—1929 年）为远东舰队司令，后者于 1898 年 2 月 11 日率第二远征舰队抵达胶州湾。在华期间，出于对海军慈善事业的一贯热衷，或许也看到了一些军纪涣散的不良现象，海因里希亲王提议由其在德国发起的海军公益组织[1]——帝国海军士兵与士官水手之家（Seemannshaus für Unteroffiziere und Mannschaft der Kaiserlichen Marine E. G. m. b. H）也在青岛成立一座供驻军士兵与士官休闲与娱乐的俱乐部。[2] 虽然此后的 1899 年 10 月，德国胶澳总督府就应亲王的指示设立了一处供海军士兵和士官使用的俱乐部，但这个位于原总兵衙门南侧平房里的机构显然过于简陋，也无法满足日益增长的需求。

"帝国海军士兵与士官水手之家"创办于 1895 年 10 月 25 日，总部设在德国海港城市基尔，注册资本 233 500 马克，由海因里希亲王夫妇亲自担任名誉主席，旨在为德国海军或海员在世界各地设立俱乐部。[3] 据 1899 年 10 月 28 日《德文新报》(*Der Ostasiatische Lloyd*）副刊《胶州消息》的评论，兴建俱乐部的意图是"为士兵和水手……提供修养栖留场所，以免他们游荡街头、出入下等餐馆和酗酒，并由此引起道德沦落。此外，俱乐部还能够成为德国驻东亚海陆部队伤病员的疗养所"。

1 "帝国海军士兵与士官水手之家"起初为股份有限责任公司（E. G. m. b. H），1912 年后才改为带有慈善性质的纯公益机构（E. E. m. b. H）。

2 根据林德的论述，此前的 1899 年 10 月，总督府曾设立过一处供海军士兵和士官使用的俱乐部，但该建筑未能保留下来。

3 Hermann Paetel，*Adressbuch für Deutsch-Neuguinea*，Samoa，Kiautschou，1909.

此处“既有一流的疗养条件，又能提供各种开蒙心智、陶冶情操的讲演报告。总之，来访者应该在这里得到各种有益身心健康的机会……”[1] 除了海军士官与士兵，德国商船船员也可经军港监督协调处批准后，获得俱乐部权限卡。为确保这座俱乐部能够尽快设立，海因里希还提议所需费用应来自赞助和捐款，为此亲王本人自掏腰包，以妻子伊伦娜王妃（Prinzess Irene，1866—1953 年）的名义捐款 5 000 马克。德皇威廉二世也赞助了 1 万马克。而更多资金则来自德国各大公司的驻华机构或商人，如当时在青岛拓展航线业务的亨宝轮船公司（Hamburg-Amerika Linie/HAPAG）就捐款 1 万马克。[2]

2. 谜团：不为人知的德国建筑设计师

1898 年 10 月 18 日，海军士兵俱乐部的奠基仪式在青岛举行。之前，德国胶澳总督府在开始标售土地后不久，即把位于弗里德里希大街（今中山路南段）以东、王储大街（今湖北路）以北、卢伊特波尔德大街（今浙江路）以西的 18 号地块（早期为 U 号地块）用于建造俱乐部大楼。[3] 将俱乐部选址于此，显然是顾及当时的主要港区尚位于前海栈桥一带，易于步行抵达。但仅仅六年后，随着大港码头的竣工，这一考虑似乎就失去了实际意义，俱乐部距离大港至少有 3 公里之遥。[4] “帝国海

1　Torsten Warner，*German Architectur in China-Architectural Transfer*，1994，Ernst & Sohn，261.

2　Christoph Lind，*Die architektonische Gestaltung der Kolonialstadt Tsingtau 1897–1914*，1998，92.

3　TSINGTAU Aufgenommen und bearbeitet durch das Landamt 1. Juli 1914.

4　Torsten Warner，*German Architectur in China-Architectural Transfer*，325.

军士兵与士官水手之家”直到 1900 年 3 月才召开理事会，通过了在青岛设立分支机构的决定，并委托本地一名建筑师着手进行俱乐部大楼的设计，此时距俱乐部奠基已过去近一年半的时间。此外，由于研究者至今未找到俱乐部的设计图纸，因此还无法获知这位德国建筑师究竟姓甚名谁……[1]

“水手之家”为在远东建造的俱乐部工程选择的承包商是柏林的塞尔贝格-施吕特（Selberg & Schlüter）公司。[2] 这家建筑公司以建造青岛德国海军士兵俱乐部为契机，进而全面拓展其在华业务，如位于上海的德国书信馆（邮局）和汉口德国领事馆即由该公司建造或设计。除了在青岛的伊伦娜大街（今湖南路）设立分公司[3]，塞尔贝格-施吕特公司也在上海、天津和汉口均设立了分支机构。[4]1900 年底，“水手之家”将设计完成的大楼图纸寄到柏林。翌年年初，塞尔贝格-施吕特公司就委派建筑工程师金德（A. Kind）携带图纸来到青岛。为确保工程能够顺利完成，金德组建了一个由建筑技师莱因哈德（Josef Reinhard）、乌茨勒（Willy Wutzler），瓦工弗尔格（Carl Fulge）、默尔茨（Wilhelm Mertsch）以及建筑检查员亨策（Karl Hunze）等 5 名德国技术人员组成的施工管理团队（或工程指挥部［Oberleitung des Baus］），而时任督署工程总局局长格罗姆施（Georg Gromsch，1855—1910 年）则担任“名义上的建

1 Wilhelm Matzat，*The Building of the Seemannshaus in Qingdao 1901–02*，2015.

2 Christoph Lind，*Die architektonische Gestaltung der Kolonialstadt Tsingtau 1897–1914*，92.

3 仅在 1902 至 1903 年间。

4 Des Adressbuchs des Deutschen Kiautschou-Gebiets，1902，9；1903–1904，10（马维立提供）。

设总监”一职。[1]

3. 建筑：简约的复古主义风格

1901 年 5 月，在奠基近两年半后，青岛德国海军士兵俱乐部才正式开工建设，整个工期恰好一年，于次年 5 月 10 日正式对外开放。[2] 官方的《胶澳发展备忘录》连续两年对海军士兵俱乐部的设立和经营进行了着重叙述。除对《胶州消息》的评论进行转述外，《备忘录》还对海因里希亲王夫妇的推动作用给予了肯定，并认为俱乐部在适当情况下也应接受平民。虽然在记录俱乐部的开业上，《备忘录》仅用了寥寥的一句话，但“门庭若市”[3] 一词的使用，显然可以充分说明其受欢迎的程度。[4]

这座在后来被俗称为“水师饭店”的大楼采用了简约的复古主义风格，面向西南角路口效仿中欧庄园古堡形式的高耸塔楼最引人注目，四面坡的尖顶结构形成了建筑立面的构图中心，同时也是俯瞰整个区域的地标制高点，塔楼顶部特别铸造的帆船图案风向标让人远远望及，就可知其功能。不过这个标志性的塔楼在 20 世纪 40 年代末被焚毁，后虽进行过复建，但因施工仓促，除样式发生了变化，高度也低了不少。建筑的基座为花岗石包砌，主体为粉刷墙面，南侧主入口后增设东西上下外

1　Wilhelm Matzat，*The Building of the Seemannshaus in Qingdao 1901–02*，2015.

2　Hermann Paetel，*Adressbuch für Deutsch-Neuguinea*.

3　青岛市档案馆编：《青岛开埠十七年——〈胶澳发展备忘录〉全译》，第 175、196 页（1902—1903 年的备忘录亦提及，俱乐部成立之后一直受到热烈欢迎，见第 218 页）。

4　1909 年，俱乐部的青岛监事会由时任总督都沛录夫妇、主治医生迪克森、皇家法院大法官君特尔组织；具体的负责人为海军中尉考曼、海军军需官斯托尔和君特尔夫人（参见 Hermann Paetel，*Adressbuch für Deutsch-Neuguinea*）。

包花岗石的两段式阶梯，入口上方及西立面的两座山墙均采用竖条桁架结构。基于平面设置的屋顶形态变化丰富，高耸的结构也使得阁楼可得到充分利用。建筑北侧和东北侧体量变化较多，礼堂在北侧形成凸起。建筑南立面平行于王储大街建造，二层面海方向采用了风格较为轻快的木质敞廊，使建筑整体不会显得过于敦实。至今保存完好的廊内结构采用了起稳固作用的桁架与木支架相互交叉的形式。[1] 虽然这种结构在欧洲较为常见，但“×”却是在中国建筑上极为忌讳的符号，并会引起人们的反感和不安。因此，在之后青岛的各类建筑中，这种形式就被完全取消了。[2]

俱乐部的主入口设于建筑南侧，穿过前厅可抵中部的楼梯间，长长的走廊与所有房间相连。一楼为驻防士兵设立了阅览室、台球室、桥牌室、酒吧、咖啡厅，以及管理者公寓。二楼设办公室，旁边还有供下级士官使用的阅览室、茶点间和台球室及带饮料和食品升降机的娱乐室。南侧的房间可直接通往木质敞廊。阁楼设有工作间，有 40 个床位，附设公共洗手间、洗澡间和淋浴。[3]

俱乐部北侧是一座宽约 14 米、纵深约 20 米、建筑面积约 316 平方米、平均高度达 9.59 米的木构拱顶礼堂。礼堂一层采用木质镶板，天花板用灰泥，前端设带更衣间的舞台，厅内的三面墙为回廊式设计，木

---

1 建于 1899 年的海因里希亲王饭店也采用了相似的设计元素。

2 Torsten Warner，*German Architectur in China-Architectural Transfer*，261.

3 Christoph Lind，*Die architektonische Gestaltung der Kolonialstadt Tsingtau 1897–1914*，93；俱乐部西侧还有一个户外的露天网球场。

廊环绕的空间能容纳坐席约 200 个，还有若干立席。礼堂室内装饰较简单，但看台的立柱和上方檐口还是以雕刻纹样进行了装饰。在这里，除了上演由驻防士兵、侨民演出的各类剧目，还定期上映彼时最时髦的无声电影。通常在一年一度的换防仪式结束后，士兵们都会带着自己的新朋旧友们逛逛大鲍岛的中国商店，再顺路来到俱乐部喝上几杯，并侃侃而谈德国及其在远东的这块属地。[1]

与同一时期开始建造或完成的公共建筑相比较，俱乐部尽管体量庞大、设施完备，但简约质朴的外立面几乎没有任何多余的装饰，具有明显的实用主义特征。这显然与建筑功能以及并不宽裕的建设预算有关。或许德国社民党在国会喋喋不休地对海军在青岛巨额投入的批评，也是在设计上尽量避免过于奢华的原因之一。[2]

4. 流转：从日本侨民机构到共青团市委

1914 年 8 月开始的德日青岛之役让俱乐部成为战时的德军临时病房。日据青岛之后，俱乐部被改为日侨组织青岛市民会驻地，并延续了俱乐部的部分功能，如在楼内设供日本侨民使用的阅览室、台球室、娱乐厅及围棋和象棋室等，而礼堂则被改为了武道修业场，定期或不定期地举行空手道、柔道等竞技比赛。顶楼被出租给实业协会，用于办公和

1　Charles Burton Burdick，*The Japanese Siege of Tsingtau：World War I in Asia*，Archon Books，1976，126.

2　社民党领袖称青岛为“肮脏的巢穴”，并建议将在青岛慢慢耗尽的钱拨付给勃兰登堡边区。参见 Alltagsleben und Kulturaustausch，*Deutsche und Chinesenin Tsingtau 1897–1914*，Deutsches Historisches Museum，1999，41。

商品陈列。[1]1922 年 12 月，中国收回青岛主权。但根据中日两国在此前达成的协议，俱乐部大楼成为了 11 处日本政府保留的不动产之一。1923 年 3 月 1 日，市民会正式改组为青岛居留民团。[2]这个甚至还拥有自己的准军事组织的日本民团机构是当时青岛最大的外侨组织。居留民团的执行机构是行政委员会，内设有民会议员及行政委员，由居留民会议选举产生。居留民团主要经营日本在青岛的学校、义勇队、义勇消防团、斋场、火葬场、墓地等，并维护胶济铁路沿线及济南的日本居留民的经济利益。[3]1932 年 1 月 12 日，因刊登朝鲜人李奉昌（1900—1932 年）刺杀日本天皇未遂的新闻，引发日本浪人火烧国民党青岛市党部、捣毁《民国日报》报馆的事件就是在居留民团的一手策划下进行的。[4]1938 年日本再次占领青岛，当局对居留民团进行了准军事化改组，并通过其对青岛的日本侨民进行严格的统治和管理。

1945 年 8 月，日本战败投降。滞留青岛的日本侨民被陆续遣返回国，在这片土地上横行二十余年的居留民团也随之灰飞烟灭。之后，由于大量的美军在青岛登陆，这座历经风雨的老建筑在时隔 30 年后重新回归最初的使用功能，只不过纵情享乐的大兵又换了一拨人。在成为美国海军志愿兵俱乐部（U. S. Navy Enlisted Men’s Club）后，俱乐部除延续了德租日据时期的阅览交际、娱乐休闲、餐饮等功能外，一些中国商

1 青岛市民会由成立于德租时期的日本人会改组而来，是日据时期为加深青岛常驻日本侨民之间的联谊而成立的社团组织（参见《青岛物语续编》）。

2 《青島居留民団ノ設立（大正一二年二月外務省告示第一三号）》，日本国立公文书馆。

3 孙保锋：《日本第一次占领青岛时期的移民潮》，载青岛档案信息网，2012 年。

4 陆安：《1932 年日本侨民暴动：火烧国民党青岛市党部》，载《青岛日报》2014 年 7 月 29 日。

人也被允许在大楼内外租赁房屋，开办供美军士兵消费的照相馆、古董店等商铺。[1]加上门前成排的人力车和向美军兜售物品的游商浮贩，一时间，俱乐部所在的这个路口重新变得人气十足，成了彼时战后青岛短暂繁荣的缩影。但可想而之的是，随着国共内战的加剧，交通日益封锁，经济形势每况愈下，美军也在局势趋于明朗之后逐步撤出青岛……俱乐部昙花一现式的热闹过后也日渐冷清，而报章上关于俱乐部塔楼因疏于管理被焚毁的消息，大概也成了这座建筑留给旧时代的最后一丝记忆……

1949 年 6 月，青岛获得解放。俱乐部大楼改为了山东省民主青年联合会（后改为共青团青岛市委和团校）驻地。1951 至 1952 年，连续两年举办青岛市美术创作评奖展览，并获得了热烈的反响。大楼里一幅幅歌颂新中国、揭露帝反的画作，还有一张张朝气蓬勃、充满活力的年轻面孔，也恰当地印证着共和国肇立之时欣欣向荣、蓬勃发展的崭新面貌。[2]“文革”结束后，这座大楼又分别由青岛市人民防空办公室、青岛市乡镇企业工贸总公司等单位使用。[3]20 世纪 90 年代之后，其中部分房间被租赁给一些公司和商家使用。但缺乏必要的保护，以及租户的肆意改动和装修也加速了这座百年老建筑的风化和衰败。2007 年，曾有计划将大楼改建为小提琴博物馆[4]，但终因该建筑产权过于复杂而被放弃。

1　Fred Greguras，*U. S. Marines in Tsingtao*，*China 1945–49*，2014.

2　“文革”时期（1966—1976 年），共青团市委被“打倒”并清理出大楼，之后至“文革”结束后一段时间的使用情况未见相关记载。

3　杨广帅：《湖北路水师饭店旧址北墙倾斜严重人在屋内眩晕》，载大众网 2015 年 1 月 19 日。

4　当时的媒体报道仅提及“做好青岛小提琴博物馆的前期选址等准备”（载《青岛早报》2007 年 1 月 19 日）。

5. 重生：老建筑再利用的积极探索

2015 年，这座已出现“严重的支柱、墙体歪斜”的百年老建筑的大修计划终获国家立项并得到财政拨款。同年夏秋，旨在对老建筑“按历史原貌”进行修复的施工也正式展开。“青岛文物保护建筑”公众号一篇名为《青岛水师饭店旧址修缮工程入选 2017 年度中国文物保护示范工程》的推文显示，2014 年，俱乐部旧址的产权单位青岛城市发展集团就委托青岛五环房屋装潢工程公司承担此次修缮工程的施工任务，并组织多场专家论证会研究讨论建筑的修缮方案，致力于恢复原形状。修缮工程于 2016 年 6 月竣工。[1]

据“青岛文物保护建筑”的推文所述，“本次修缮工程主要从建筑结构、塔楼、室内地面、内外门窗等方面着手，除对大厅北侧外倾危墙给予加固，还进行了室内木构件更换和维护、整体修缮屋面、重做防水层等。在不影响、少扰动文物本体的前提下，消除安全隐患，尽可能满足保护性使用要求”[2]。修缮工程中最引人注目的大概就是对已焚毁半个多世纪的塔楼进行复建了，但不知是技术或工艺难度还是其他原因，塔楼斜脊的修复并没有遵循原设计里的曲线和弧度，而在本应展现流畅弧线的位置硬折出一个钝角。这种略显拙笨的造型也被关注本次修复的网友戏称为“甘道夫的巫师帽”[3]。同时塔楼的覆瓦也未按原貌恢复，而是采

---

1 《青岛水师饭店旧址修缮工程入选 2017 年度中国文物保护示范工程》，载“青岛文物保护建筑”公众号，2018 年。

2 同上。

3 新浪微博上的相关评论。

用了与屋顶相同的机制平瓦。另一个与历史原貌明显的不同是风向标，塔楼顶端原有的铜铸帆船风向标造型精美，并且富有寓意，而本次施工取消了风向标修复，而仅仅安装了一个美感大打折扣的不锈钢球体避雷针……这些迥异也在网络上引起了议论和吐槽。可尽管如此，修复项目仍按原方案完成，并获得了2017年度中国文物保护施工类的示范工程。

2016年6月底，修复后的德国海军士兵俱乐部旧址正式开放。曾经的百年俱乐部也被赋予了新的功能，一楼早期用于放映无声电影和上演舞台剧的大厅成了音乐剧场，二楼改为西餐厅、休闲空间和电影生活馆，三楼则开辟为电影博物馆。投资方试图围绕早期中国电影史，融合音乐、科技、艺术、图书、美食等元素，打造一座以电影体验为核心的城市文化客厅，以及一个电影文创产业平台——1907光影文创基地（光影俱乐部）。[1]

俄国著名文学家果戈理（Nikolai Vasilievich Gogol-Anovskii，1809—1852年）曾说，“建筑是世界的年鉴，当歌曲和传说都缄默的时候，只有它还在说话”。建筑，不仅可以用自己的方式镌刻下深远的文化印记，也忠实地记录着城市的发展与变迁。而在青岛，包括德国海军士兵俱乐部在内的众多保存至今的老建筑，既承载着清晰的历史脉络，也蕴含着丰富的文化信息，更彰显着青岛这座东西方文化交融与碰撞之城的特质。敬畏历史，尊重文化，就是捍卫我们的城市个性；保护好不可复制与再生的老建筑，就能延续和传承好我们的城市记忆！

1 《水兵俱乐部升级中国首家电影生活馆，打造青岛“文化客厅”》，载《青岛晚报》2016年8月14日。

青岛德租时期的华人社区与建筑

徐飞鹏

今天遗留下的青岛德租时期（1897—1914年）华人城区的建筑，俗称“里院”建筑，初建时为一至两层，20世纪30年代中华民国时期有些加建为三至四层。房屋沿地块周边布局，形成内部院落，临街一层多作为店铺用房，二层以上作住宅或客房使用，没有厨房，厕所也多设在院落的角落处。建筑的布局形式类似于欧洲旧城区传统的街坊建筑，而建筑内部布局与院落的使用更多受到中国传统民居的影响。由此看来，里院是一种合院式集合住宅与商业的混合建筑类型。

这种看似并不完善的集合住宅楼（作为单身客房更为合适）建筑，使我们更想弄清楚当时的华人社区的构成、华人的家庭状况以及华人的生活起居方式。

一　青岛德租时期的城市社会结构形态

1. 1897—1914 年德租殖民地时期的社会阶层与阶级

社会结构形态，一般是指由社会分化产生的各主要的社会地位群体之间相互联系的基本状态。这类地位的群体主要有：阶级、阶层、种族、职业群体、宗教团体等。

1897年德国借“曹州教案”租借胶澳（青岛），筑码头修铁路，兴市建房渐成市街。青岛城市社会形成之初，呈现出人口种族、社会阶层构成的二元结构，这种现象一直是德租日据时期（1897—1922年）[1]城市社会结构形态的主要特征。

德租时期青岛城市的社会阶层构成：外国人与中国人。外国人，即外来占领者：殖民政府官员、占领军军官、士兵、商人、技术人员等。中国人：青岛村及周边村落居民、外来移民、劳工与商人。

城市形成初期，外国人是城市社会中的上层群体。德租时期，青岛的外国人口占市区人口的5%左右。[2]1914至1922年日本占据时期缺乏市区人口统计，日军将青岛向日本侨民开放，由于青岛与日本岛相隔不远，不难推测，外国人所占比例更高；1925年青岛回归，在一批外国人迁出青岛的情况下，外国人仍占市区总人口的7.3%。[3]

城市形成初期，华人是城市社会中的下层群体，华商中产阶层正处于发育期。

1　德国租借青岛时期：1897—1914年；日本占据青岛时期：1914—1922年。

2　据1913年的统计，青岛的外国人有2 411人。其中德国人1 855人；日本316人，俄国51人，美国40人，奥地利22人，法国15人，葡萄牙8人，瑞典3人，丹麦2人，印度11人，比利时、荷兰、意大利、希腊、挪威、西班牙各1人，南洋群岛、土耳其各3人（袁荣叟：《胶澳志》，中华民国17年（1928年）版，文海出版社成文本，第61—63页）。

3　任银睦：《青岛早期城市现代化研究》，生活·读书·新知三联书店，2007年，第188页。

德租青岛后的华人人口变迁[1]：

年　代	人　口	人口增长率	备　注
1897	83 000		
1910	161 140	52.36%	不包括外侨
1924	189 411	11.61%	同上
1927	322 148	193.67%	同上

从上述表格可以看出，青岛开埠最初12年间，华人人口增长率高达52.36%，远比其他城市为高。而1910至1924年间，人口增长率降低（11.61%），这是由于日本占领时期（1914—1922年），城市华人人口增长缓慢。

1924至1927年间，青岛远离战火，时局稳定，人口年增长率达193.67%，可视为青岛开埠以来的最高峰。

2. 青岛城市人口增长的主流是移民

1）移民人口与青岛城市化

在短短的二十几年中，青岛由一个偏僻的渔村发展成为拥有32万人口的通商巨埠。青岛兴起，替代了衰落的烟台，而烟台作为中国近代沿海通商口岸，其开埠历史早于青岛近40年。[2]

青岛城市人口增长的主流是移民，主要来自山东地区，少部分来自

1　袁荣叟：《胶澳志》，第231页。

2　1858年清政府被迫同英法签订《天津条约》，原定开埠口岸为登州（今蓬莱），后英首任领事毛里逊赴登州查勘，指出登州水浅湾小，远不如已海运发达的烟台港，强行改为烟台。1862年烟台正式开埠，为山东最早的通商口岸（烟台政协文史资料研究委员会编：《烟台市文史资料》第一辑，1982年，第4页）。

其他省份。[1]城市人口迅速增长，是由于城市的建设以商贸为主、海军基地为辅的发展定位，并随着1904年现代化的港口和铁路建成使用，城市人口快速增长。1897年德占青岛之初，华人人口为83 000人；到1910年，青岛区域华人人口增加到161 140人。[2]青岛开埠最初12年间，人口比1897年增长了94.14%，远比其他城市为高。

2）移民的性别、年龄构成

城区华人中年龄25岁以下的占总人口的80%以上，大量的年轻人移民来青岛，城市人口构成年轻化，据德殖民政府的人口统计，1902年青岛城区华人人口男女性别比例为13∶1，1903年为15∶1，1905年为10∶1，1907年为8∶1，移民以青年男子为主体。[3]由此可见，德租时期的青岛城市是以年轻男性为主体的社会。外来的德国占领者也是以海军舰队年轻士兵为主，只有殖民政府中的少量官员带有家属。

二　青岛德租时期的住宅建筑类型特征

建筑的特征总是在一定的自然环境和社会条件的影响与支配下逐渐形成的。

德租时期的青岛城市住宅建筑，在区域气候环境、社会条件的影响

1　袁荣叟：《胶澳志》（下册），第102—103页。转引自重刊本，青岛出版社，2011年。据《胶澳志》记载，1925年以前在青岛已有22个同乡会组织。

2　袁荣叟：《胶澳志》（下册），第1—2页。转引自重刊本，青岛出版社，2011年。

3　青岛市档案馆编：《青岛开埠十七年——〈胶澳发展备忘录〉全译》，中国档案出版社，2007年，第193、233、364、516页。

与支配下，必然分化出两大类型：欧洲人居住使用的庭院建筑与华人居住使用的里院建筑。

城市社会的二元结构特征导致城市居住建筑的二元化发展。在华人城区出现了适于单身年轻人居住的里院住宅，在欧洲人城区出现了庭院住宅。

1. 庭院式建筑

现存的欧洲人城区反映了欧洲同时代的建筑艺术与城市文化，具有较高的艺术价值和历史研究价值，体现了青岛“红瓦绿树、碧海蓝天”的区域特色。

整个欧洲人城区是一个别墅花园住区，房屋为庭院式独栋别墅，并统一采用红瓦屋顶；建筑以南北向为主，便于观赏海景，花园及别墅主要朝向临海向阳的南侧，便于通风、采光与庭院植物生长；建筑体量追求舒适小巧，平均建筑面积 400 平方米左右；道路宽度与建筑高度之比大于 1，保持宜人的空间尺度。

2. 里院式建筑

里院是青岛老市区有重要历史与人文价值的老建筑。国内有的城市也有类似“里院”，但就其数量而言远在青岛之下，就其形态来讲也远未有青岛典型。

青岛的“里院”，是中国式四合院与欧式建筑相结合的产物，它是中西文化强烈对撞后形成的合院式商住建筑，是西式商住一体楼房和中国传统四合院围合式平房相结合的产物；高度多为一到二、三层；现存里院大多数质量较差。

3. 华人城区与欧洲人城区的规划比较——城区的布局方法与城郊的布局方法

这种社会结构组成特征还反映在当时的城市规划上。1897 年德国强租胶州湾之后，通过城市规划将欧洲人与华人居住区域分隔。按照 1899 年 10 月公布的青岛城市规划图，欧洲人城区的北部原大鲍岛村区域，规划为中上层华人的商业与居住区。华人城区就沿用了原来村落的名字，称大鲍岛城区。大鲍岛城区是 1898 年以后新城建设中最早形成的城区。大鲍岛华人城区的建筑质量远远低于欧洲人城区，建筑样式上呈现出中西文化的交互影响。

从 1898 年的初始规划方案到 1899 年正式公布的规划方案，德国占领者将原大鲍岛村北部区域辟为华人城区，在欧洲人区与华人区之间设置了连接东侧观海山的 200 余米宽的隔离地段。在正式城市规划没有确定以前，大鲍岛华人城区 1898 年率先开始了房屋建设，由于华人区内的小港码头在 1901 年建成使用，来往人口增多，促使“华人城区大鲍岛的建筑活动特别活跃，已经形成了一片建筑物鳞次栉比的城区”，殖民政府“为了进一步扩展的需要，不得不把青岛和大鲍岛之间的全部农田耕地用于建房”[1]。1902 年 10 月公布的青岛中心城区调整规划中，在欧洲人所在的青岛区与华人所在的大鲍岛区之间的隔离地段新增了两条斜向的道路，意在连接两区边界的道路（德县路）。然而斜向的道路所围合的带状大街坊使得两区交通联系并不方便，更改后的规划并未消除两区之间的隔离。

1　青岛市档案馆编:《青岛开埠十七年——〈胶澳发展备忘录〉全译》，第 103 页。

隔离地段最终消除的原因，是大鲍岛区域内巨大的土地需求。据《胶澳发展备忘录》记载，1901 年青岛中心城区所建 367 栋房屋中，大鲍岛的商住两用房屋占 234 栋，华人城区的建筑活动在城市早期建设中占据了多数。

华欧两城区的街区规划，建筑、道路建设质量都有很大的差别。德国殖民当局对两个区域做出不同的建筑法规规定，如青岛区建筑限高 18 米，可建三层以下房屋；大鲍岛区只允许建两层以下的房屋，房屋沿街毗连式布局，街区密度大，环境质量差。在街区与道路规划布局上，青岛区的街坊宽度在 100 至 150 米之间，街道宽度在 18 至 25 米之间；大鲍岛区的街坊宽度大都在 50 至 75 米之间，街道大多宽 12 米。当时社会的等级差别在城市物质形态上彰显出来。

三　华人的里院建筑

青岛里院建筑，是一种合院式集合住宅与商业的混合建筑类型，始于 1897 年德租时期的华人城区。二至三层的房屋沿地块周边布局，形成内部院落，临街一层为商店用房，二层以上多作住宅或客房使用。里院建筑呈现出地域传统的生活习惯、自然气候、营造方式、经济性以及外来文化的综合影响。

1. 里院建筑出现的直接影响因素

城市社会的二元结构特征导致城市居住建筑的二元化发展。在华人城区出现了适于单身年轻人居住的里院住宅，在欧洲人城区出现了庭院住宅。

除社会阶层的影响外，里院建筑类型的出现还有三个具体的影响因素：

1）文化传统与生活习惯——封闭的院子

建筑的布局形式类似于欧洲城市传统的街坊建筑，而建筑内部布局与院落的使用更多受到中国传统民居的影响。

院内以外廊联系各住户及客房，卫生间设在院落一角隐蔽处。内向型的院落与各个房间有着紧密的联系，成为里院住户公共交往和活动的露天客厅，这与中国传统四合院民居以院落为公共使用空间相仿。为防气味，厕所置于住房室外的院落里，布局方式同于中国的四合院。

2）大量性与经济性——单身宿舍集合住房

城区激增的人口，大量的青年移民（男性为主），对住宅质量的需求不高催生了无厨房设施的宿舍。作为城市下层人群的住宅和出租住房，采用密集式的合院布局是唯一可选的经济型建筑形式。

大鲍岛城区 65% 的建筑一层为商店，二层为华人（或店员）居室。原大鲍岛村的居民全部迁往台西、台东镇。

3）地区的地理环境——封闭的院子

大鲍岛城区西北临近海湾，当地冬季寒冷的西北海风对城区住房布局形式选择的影响至关重要，四面围合的院子可挡风御寒。这也是自城市产生之初到 20 世纪 40 年代，沿胶州湾一带的城市西北区域仍然继续建造里院式建筑的缘故。

而在城市南部的欧洲人城区，因有山体挡住冬季寒冷的西北风，出现了庭院式住宅。

由此可见，里院建筑是在特定社会背景下，受中西方文化、自然环境因素综合影响而出现的一种独特的建筑类型。

2. 里院建筑

大鲍岛城区是青岛最早形成的街区，在这里形成了青岛早期的商业街区，出现了最早的里院建筑。早期的里院建筑多为一至二层，采用当地的传统建筑材料，石墙基，清水砖墙，或砖砌壁柱、水平腰线装饰与白色墙面相间，门窗洞口是重点装饰的位置，墙面较少用石材。中部的檐口凸起山花，以示对称和中心。屋面采用中式青色小灰瓦，许多里院模仿中式传统屋脊起翘，形成早期建筑的西式墙面、中式屋顶的样式。里院建筑与中国其他城市同时期的普通建筑雷同，风格上遵循西方古典形式在中国早期流行的样式（图 1）。屋面的中式青色小灰瓦，估计至迟在 1910 年以后就不再采用了，改用红色的陶土瓦。

在类型上，里院可分为独立式与毗连式。院落空间根据使用功能不同，或作为住户公共使用的场所，或作为商铺、公司的货物堆场。独立式里院只有一个独立院落，又有大、中、小之别。位于即墨路与易州路地块的小型独立里院（建于 1898 年，已拆）是最早建成的里院，是石基砖墙瓦顶的一层建筑，沿易州路设三门，门窗洞口用砖发券（图 2）。屋顶用小灰瓦覆面，完全是中式做法。广兴里分两次建成，博山路段始

图 1　大鲍岛区山东路华人建筑

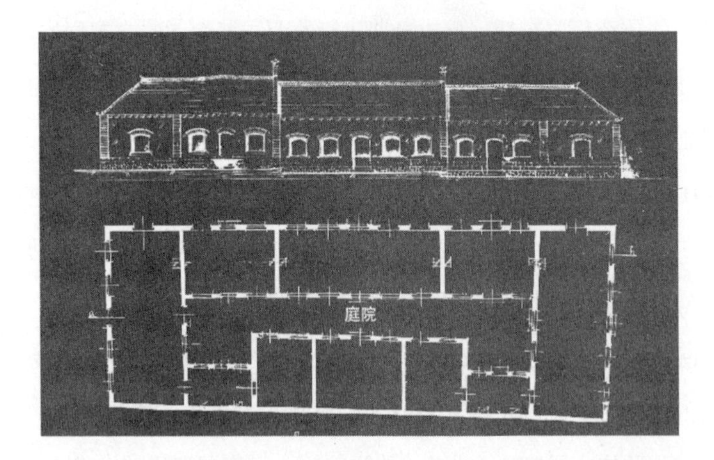

图 2　早期的易州路里院（建筑师不详，青岛，1898 年，现已拆）

建于1901年，二层西式建筑，券式门窗洞口，中部檐口高起山花，两端做结束体部，中轴对称，水平腰线划分，采用公共建筑大式构图手法。1914年广兴里的东、南、北段建成，围合成独立式大型里院，建筑外形装饰已趋于简单，除院落门洞外，已不做券式门窗洞口（图3）。

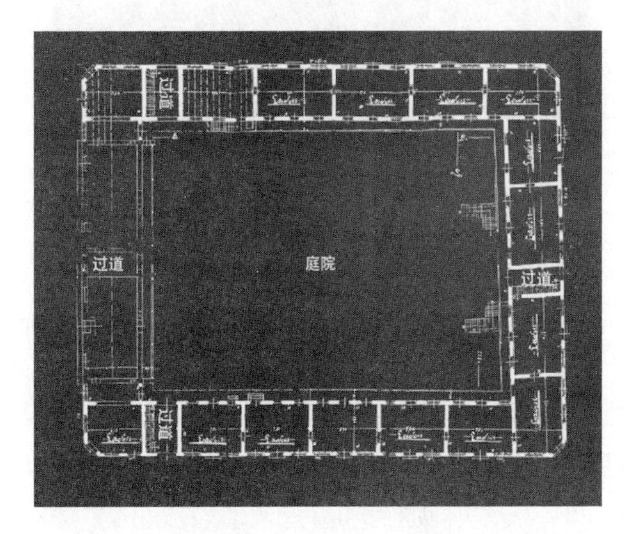

图3　广兴里平面图（建筑师不详，青岛，1914年）

德国商人阿尔弗雷德·希姆森（Alfred Siemssen）1900年在青岛成立了希姆森建筑公司，在中山路与大鲍岛周围开发了多处街坊，建成的房屋或出租或出卖给中国人使用。其中位于中山路、潍县路与四方路、海泊路之间的里院建筑是一个特别的案例（图4）。该建筑沿街布局，围合起方正的大院落，一层为店铺，二层为住宅，每户有独立的厨房、楼梯间和小院落。考虑到中国人传统四合院住宅的居住习惯，将卫生间布置在小院落中，是一种单元式的商住功能建筑沿街排列布局，这是当时

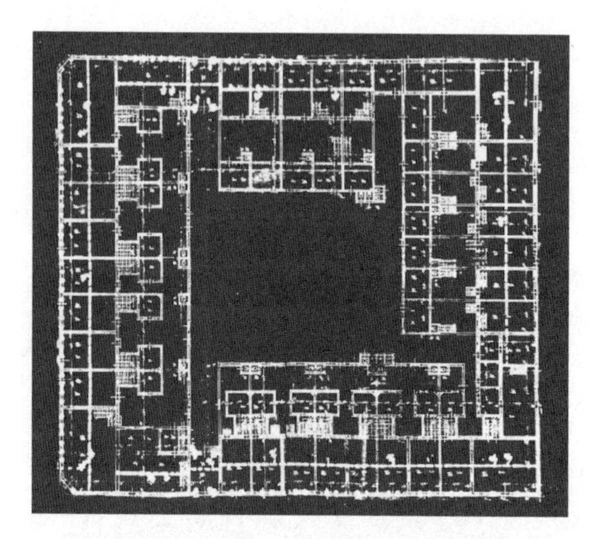

图 4　四方路里院一层平面图（建筑师阿尔弗雷德·希姆森，青岛，1900 年）[1]

大鲍岛城区里院建筑中标准最高的房屋，是为中层中国人设计的住宅。

德租时期形成的里院建筑一直是城市西北区域的主要建筑类型。

1920 年以后，大鲍岛城区的环境与里院建筑开始出现了变化，建筑的样式及建筑材料也发生了变化。钢筋混凝土楼板结构开始使用；建筑外墙装饰材料已不再采用清水砖墙，门窗洞口不再做园券，墙面多做灰浆粉刷。

20 世纪 30 年代，伴随着经济环境的好转和建筑技术与材料的进步，大鲍岛城区再次迎来土地开发及房屋建设的热潮。德租时期的一层房屋和二层质量稍差的房屋，大多被翻建成三至四层。建筑样式也趋于简洁和简单，有新建筑思潮的影响，也有对西方古典主义和折中主义的表现。

1　除注明者外，文中图片来源均为 Deutsches Historisches Museum，TSINGTAU；Den Kschrift bererffend die Entwicklung des Kiautschou-Gebiets，Berlin，1898–1910；青岛城建档案馆。

20 世纪 30 年代青岛城市建设模式浅析（1929—1937）

金　山

一　青岛早期发展历程概述

青岛是中国近代重要的新兴口岸城市。1897 年 11 月 14 日，德国强租胶州湾，在其东岸建设新城，为现代城市意义上的青岛之肇始。1914 年，第一次世界大战爆发，青岛于 11 月 14 日为日本占领。1922 年 12 月，北洋政府从日本手中接收青岛，设立胶澳商埠局，管理青岛市政。1929 年 4 月，青岛旋又被南京国民政府接管，直至 1937 年 12 月撤出。1938 年 1 月，青岛再次为日本占领。尽管在 1897 至 1937 年间，青岛历经多次政权更迭，但其城市性质、功能并未发生重大变化，在历任市政当局积极推动下，城市发展得以延续，空间格局有序拓展。

至 1929 年时，青岛历经 32 年发展建设，已初具现代城市规模。在物质环境方面，街道整齐、风光优美、市政设施完备，俨然为当时东亚现代城市之楷模；在法规制度、人员、传统与文化认同等非物质领域，也完成了大量经验和传统的积累。

20 世纪 30 年代[1]，青岛作为南京国民政府管辖下市政体系最为完整、现代化水平最高的城市，以其重要的城市地位与优越的城市环境吸引了大量资金与人才，促使城市继续快速发展。这一时期，青岛市政当局以先进的理念和有效的措施，积极推动市政建设与城市发展，使青岛成为当时中国最具示范性的城市化案例，其先进的发展理念、现代的建设手段、系统的管理方式，成为包括当时首都南京在内的国民政府治下各大城市的学习对象，其无与伦比的城市形象与高品质的现代城市生活，在远东地区获得广泛认可。

图 1　青岛全景，约 1936 年

二　20 世纪 30 年代以前青岛城市物质空间形态

德租时代，德国殖民者按照欧洲近代城市模式建设青岛，至 1914 年

1　本文中，20 世纪 30 年代特指 1929 至 1937 年国民政府第一次统治青岛的这段时间。

已初具规模，形成了欧洲式的城市格局与田园式的城市风貌。这种物质环境特征，在日据时期与胶澳商埠局时期得到进一步完善，并为 20 世纪 30 年代青岛城市发展提供了物质基础。

1. 具有欧洲近代特征的城市格局

德租、日据时期，主政者都将青岛作为现代城市范本进行建设，严格秉承规划先行的建设方针，建立起具有功能分区和组团发展特征的欧洲近代城市空间格局。规划的系统性和延续性是青岛早期城市快速发展与繁荣的重要前提。

德国租借青岛期间，应用大量先进的规划建设理念与方法，通过一系列“城市建设计划”，对城市格局、道路系统与重要建筑布局做出规定，形成由欧洲人城区、华人城区、港口区、休闲区和台东、台西两镇工人住宅区组成的多组团城市格局。

日本占领青岛以后，制定《青岛市街扩张计划》，分三期对德租时期形成的城区道路系统进行拓展，并规划建设了相应的公共配套设施。市街扩张计划将发展重点转移到港口区一带，依托港口，形成日本人商业与居住区。至日据时期末期，市街扩张计划第二期基本完成，原本游离在外的港口区与两个工人居住区与主城区连接成片。

青岛回归以后，胶澳商埠局延续德日城区建设模式，一边完成台西、台东两镇附近未完工事，将其作为普通居住与工业区域，一边在市区内部及东部丘陵地带开辟道路，将其作为高级居住社区，又陆续修筑太平角一带道路，将其作为度假别墅区。这一时期没有形成系统的城市规划。

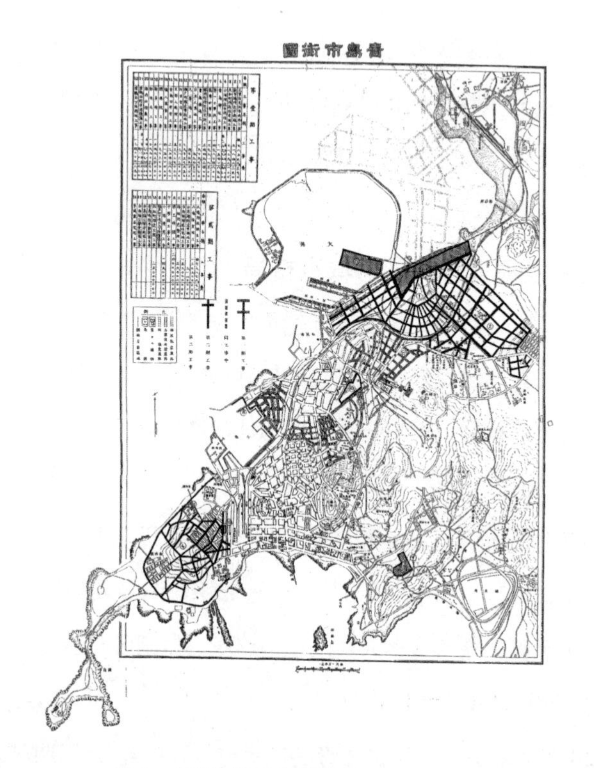

图 2　三期青岛市街扩张计划，1915 年

2. 围合式与开放式二元城市肌理

20 世纪 30 年代，青岛已经形成了典型的围合式—开放式二元城市肌理，这种城市肌理源于对欧洲近代城市肌理的移植，在建筑类型和填充方式上，又表现出一定的本土化特征 [1]。

围合式街区以商住混合功能为主，强调连续街道界面。欧洲式样建

1　这种本土特征主要表现在以大鲍岛中国城为代表的由中式里院建筑填充的围合式街区和以新町为代表的由日式商住建筑填充的围合式街区中。

筑一般沿街坊边界建造，里院建筑[1]则常常将地块满铺，只留内院保证背街房间采光通风。建筑临街一层多作商业用途，楼上以及背街建筑部分作住宅、办公、仓储之用。除临街店铺外，建筑的入口以及通往内院的通道也直接临街设置。

开放式街区以独立式住宅为主，以低建筑密度保证充足的阳光、新鲜的空气与绿地，塑造良好的居住环境。独立式街区的主要建筑一般后退道路线建造，临街以围墙、大门、附属建筑（如车库）等划分公共与私人区域。

围合式与开放式二元城市肌理，根据青岛的丘陵地形与气候条件，形成了富有特色的分布格局。围合式街区主要位于地势较为平缓的商业区、港口区以及平民居住区，而开放式街区则主要位于地势起伏较大的山丘周围以及环境优美的海滨一带。在两种街区的过渡地段，还有许多混合肌理的街区。这种分布方式，是对青岛地形条件和自然景观最大程度的尊重与利用，并产生了清晰的图形关系。这些二至三层的房屋，大多采用砌体结构和坡屋顶，在绿树掩映下，与起伏的地形构成整体景观，具有强烈的雕塑感。

3. 欧洲田园式城市风貌

20 世纪 30 年代，青岛“红瓦、绿树、碧海、蓝天”的城市面貌已蜚声海内外，更有“东方瑞士”“中国之最美都市”等称号。优美的田园

---

1 里院建筑是青岛本土化的高密度商住建筑样式，沿街处理方式与欧洲式建筑相似，内部围绕院落组织空间与功能。

图 3　青岛南部城区鸟瞰，约 1930 年

城市风貌，来源于德国殖民者富有艺术想象力的城市设计，以及其后历史发展阶段的补充完善。

德国殖民者选取面临青岛湾和汇泉湾的地区作为城市选址，曲折的海岸线和起伏的丘陵成为优美城市意象的基础性要素。城市规划采用了公共开放空间、自然地势与公共建筑三位一体的设计手法，强调美学原则，突出田园风貌。[1] 这种设计手法，形成了青岛富有层次的城市意向：体量相似、疏密有致的一般城市建筑，多采用欧洲近代或华洋折中建筑风格，立面富有韵律感，多设计有小塔楼，形成和谐丰富的基本城市界

1　德国城市设计的具体手法包括：在地势高、低点设计街道轻微转折，强调地势特征，封闭街道空间；根据地势特征，设计弧形及自由走向道路；将纪念性建筑安置在地势高点与山腰，以烘托其纪念性；街道多选取山丘、海岛以及重要建筑作为对景点，美化城市空间。

面；市政厅、教堂等核心建筑一般位于较高的地势和道路对景点，体量庞大，并往往带有高耸的塔楼，使其超越一般城市建筑，形成城市意象的构图中心；市区中的山丘以及远处连绵的山峦为城市意象提供了自然、诗意的背景。

图 4　青岛前海一带城市天际线，约 1935 年

三　20 世纪 30 年代青岛政府构架与施政理念

政府是城市发展与建设的主导者，其施政理念直接影响着城市建设的方向。由于特殊的历史背景，青岛在 20 世纪 30 年代广为海内外所关注。延续先前历史阶段的城市发展、促进城市建设、保持青岛模范城市的地位，是青岛市政当局的核心任务。

1. 现代化的政府构架与高素质的人员

接管青岛以后，国民政府设立青岛特别市（后改为青岛市），直接隶属中央政府管辖，并按照现代城市政府组织模式，组建青岛市政府。政府历任市长都十分重视城市建设，特别是胡若愚与沈鸿烈。[1] 二人所学虽然并非工程专业，但对现代城市发展与建设有着清楚的思路。

工务局是推动城市建设的主要政府部门。工务局下设三科分掌各项地上与地下建设与管理工作。[2] 局内工程师分为技佐、技士、技正三个等级，负责专业技术工作。每周定期召开局技术会议与局务会议，讨论决定技术问题和事务性问题。工务局历任局长均具有专业的教育背景和丰富的工作经验，其中王崇植和邢契莘毕业于美国麻省理工学院，获得硕士学位。在历任局长经营下，青岛工务局建立起优秀的技术团队。接管青岛以后，政府一面留用原胶澳商埠局工程事务所旧有员工，一面招募新的人才，工务局的技术骨干年龄多在 30 岁左右，拥有国内和欧美大学建筑及土木专业的教育背景以及丰富的工作经历。[3] 他们先进的思想与理念，保证了法规、规划的实行以及建设管理的质量。

为协调城市建设，市政当局还在 1931 年成立市区工程设计委员会，为工务局搭建与其他局、所的沟通平台，协调城市建设工作。市区工程设计委员会旨在方便工务局技术骨干了解其他局、所在土地、经济、社会、教育等方面的工作，以恰当的物质建设工作内容和时序对其形成支持和保障。

1　胡若愚与沈鸿烈具有奉系背景，胡若愚在 1930 年 9 月至 1931 年 6 月担任市长，沈鸿烈曾在日本留学六年，他于 1931 年 6 月起代理青岛市长，并在同年 12 月获得正式任命。

2　工务局第一科掌管文书、会计与采购，第二科分为设计股与施工股，分别负责市政基础设施以及公共建筑的设计、施工监理以及供水系统的施工，第三科分为审核股、注册股与公用股，主要业务范围包括公私建筑审查、建筑工程师与营造厂的登记管理以及路灯管理。

3　据统计，工务局一百多名职员中，拥有海外留学背景的超过十人，国内大学和专门学校毕业者占总人数的三分之一以上。在就职青岛之前，他们之中的许多人在上海、北京等地的工务局及建筑设计机构有过工作经历。

图 5　青岛市工务局工作人员合影，1929 年

2. 明确的发展目标与施政理念

20 世纪 30 年代，青岛市政当局基于当时城市物质环境和社会结构的现实，形成先进的施政理念，为达到城市发展目标提供了具体实现路径。尽管没有明确表述，但政府努力维持青岛模范城市的努力显而易见。

1）以文化与社会建设为着力点，推动城市全面发展

20 世纪 30 年代，青岛市政当局认为，青岛已具备坚实完备的城市物质基础，但社会文化环境，特别是华人社会的环境，无法对前者形成有效支持；二者的不匹配，将成为制约城市进一步发展的瓶颈。因此，政府将文化与社会建设作为其施政重点，通过推广学校与民众教育、促进科学研究与传播、普及西方与中国传统体育运动、构筑底层居民生活

保障体系等工作，推动城市居民的市民化进程与城市文化发展。同时，政府通过推动乡村建设，改善农村基础设施、提升教育品质，促进了农村地区的发展，巩固了城市的周边环境，并为下一步城市发展准备了满足基本素质要求的人力资源。同时期的重大物质建设项目，几乎全部围绕这些主题展开。

2）追求城市美学与城市生活品质

凸显青岛城市特色、突出美学与城市设计考量，是20世纪30年代青岛建设模式的重要特征。作为城市建设传统的延续，20世纪30年代初期，高质量城市视觉形象与空间品质以及与之相适应的高品质城市生活，始终是市政当局的核心建设目标。1935年公布的《青岛市施行都市计划（初稿）》（以下称《都市计划》）明确指出，美好的城市意向是青岛的根本特征，应当继续发扬，在发展中绝不可重实用而忽略美观。美好的城市意象与生活，也被作为塑造优良市民性格与精神的重要手段。这种目标不仅存在于《都市计划》的描述中[1]，也通过大量公共建设项目得到实现。在私人建设活动中，这种诉求同样得到了广泛的认同，并在个体建设实践中得到积极响应。20世纪30年代，青岛优美的环境和优越的居住质量吸引了大量资本与高层次的移民，并以此促进了城市社会、经济与文化的进一步发展。

---

1 《都市计划》中用了较大的篇幅，对城市美学和城市生活质量的建设目标进行叙述，其中包括了城市空间、道路走向、街道空间的美化、保育森林、改善生态、配套体育休闲设施等措施和设想。

四 20 世纪 30 年代青岛建设行为的法规约束与实施

20 世纪 30 年代，青岛市政当局根据城市发展阶段与实际情况，继承原有法规与管理体系，对其进行更新与完善，形成了系统、科学的土地政策和建筑法规以及全面、高效的建设管理体系。

1. 注重城市健康发展的土地政策

建设用地的供给和管理，是城市发展建设的核心要素。20 世纪 30 年代，青岛以城市建设用地公有为基本前提[1]，通过合理、完善的土地政策，有效推动了城市健康、可持续发展。当时土地分为三类，德租时期出售之土地为私有地，按既定税率纳税；政府所有以及日据时期以来政府放租给个人建设使用之土地为公有地，按等收取年租；第三类为民有地，即德租时期以来未予更改产权之农业用地。

1）租权金与地租平衡政府短期与长期土地收益

20 世纪 30 年代，青岛建设用地出让采用公有地放租制度，租期一般为 30 年。基于土地需求的快速增长，青岛市政当局引入土地租权金与土地竞租制度。业主取得土地租权时，按照土地等级一次性缴纳租

1 1914 年日德战争开战时，日本曾承诺日后将青岛归还中国，因此不便公开出售土地。占领青岛期间，新的城市建设用地被划分为若干等级，作为公有地租予承租人使用，租期 10 年（后改为 30 年），按等收取年租。在接下来的几个历史发展阶段，土地公有制度得到沿用。

权金，以后每季度按等缴纳地租。以竞租方式招租之土地，承租人需提供一次不少于租权金的报效金报价，价高者得租土地。20世纪30年代初，报效金平均为租权金的两到三倍，增加了政府财政收入。30年租期期满后，若无特别原因，承租人得续租30年，此时只需缴纳租权金之三分之一，其余三分之二平摊至其余29年，按年缴纳，以减轻业主负担。

通过租权金（报效金）与年租相结合的方式，政府的短期与长期土地收益得到有效平衡。政府保留调整租权金和地租的权力，使其具有能够真实反映区域繁华程度的调节功能。通过调整地租，政府可以从由其主导的城市建设所导致的土地升值中受益。

2）土地出让规模和方式保障城市肌理形态

土地出让规模和方式保证了城市肌理和与城市形态多样性的延续。20世纪30年代，土地一般由政府直接租予私人业主，其建造的商业建筑与住宅多为自用，或部分出租，大规模商业与住宅开发并不多见。20世纪30年代商业和住宅街坊地块划分，延续德租时代规模。商业街坊多采用方形，居住街坊多采用长方形，高路网密度使大多数地块直接临街，少数不临街的地块通过公共便道连接。单个地块面积多在800平方米左右，基本满足一座中等规模的商业或里院建筑或者一至两栋独立式住宅的需求。为控制开发规模，政府规定，个人一次领租土地不能超过相连的四个地块。市政当局还制定相应规章制度，对土地和产权分割做出规范与限制，防止产权细碎化。

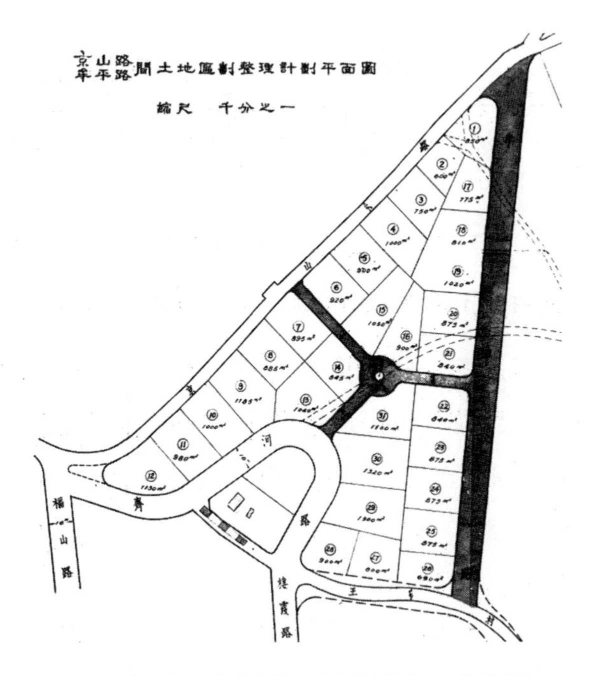

图 6　京山路、牟平路间土地区划整理计划平面图

3）合理有效的城市建设用地扩展途径

面对不断增长的城市建设用地需求，青岛市政当局建立有效的民有地与公有地的转化途径，解决城市建设用地扩张与农用地地主权益之间的矛盾。当时，政府无力大规模收购民有土地，但随着市区不断扩张，许多民有地区域已有城市建设需要，为解决二者矛盾，保证城市有序发展，政府颁布法令，规定民有地转为公有地后，方准进行城市建设。转换时，业主须按照财政局土地整理要求，调整地块形状与大小，留出道路用地，按面积缴纳租权金与民有地收购价格之间的差额，并定期缴纳年租。

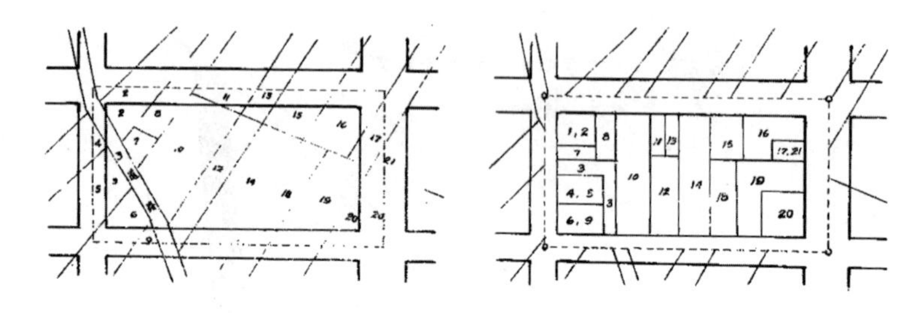

图 7　1935 年《都市计划》中所附土地整理示意图

填海造陆是建设用地拓展的另一条途径。当时填海存在两种形式，一种由财政局组织填筑，划分地块后作为一般公有地进行放租；另一种是业主在政府指定范围内自行填筑，作为填筑费用补偿，政府免收租权金，但年租仍需缴纳。第二种方式有效降低了政府的资金和工作压力，同时保障了建设活动有序进行。

2. 融入城市设计思想的建筑法规

与土地政策一样，建筑法规也是 20 世纪 30 年代青岛城市形态的重要约束条件。青岛市政当局以上海建筑法规为蓝本，融合青岛以往建筑法规核心理念，制定《青岛市临时建筑规则》(以下称《建筑规则》)。《建筑规则》通过对建筑高度和建筑密度做出上限规定，控制建设容量。[1] 相关的技术指标与先前历史发展阶段的规定基本保持一致，使城市肌理和城市形态得以延续。

1　按照规定，木结构建筑最高不得超过两层，高度不得超过 7 米；砌体结构不得超过三层，高度不得超过 18 米；钢结构与钢筋混凝土结构建筑高度不得超过 40 米。两层及两层以下房屋建筑密度不得超过 75%，三层及三层以上房屋建筑密度不得超过 60%。

一如青岛先前的建筑法规，《建筑规则》同样注重营造整齐、宜人的街道空间。按照规定，建筑必须平行于道路建造，两侧皆建有房屋的街道高宽比不得超过1.5∶1。《建筑规则》对阳台、装饰物等街道界面上构建的设计也做出规定。为保证高级居住区品质，《建筑规则》中用专门一节，对特别建筑区域[1]的建设活动做出规定，该区域的建筑密度远低于普通城区。[2]为保证建筑设计质量，加强了工务局对该区域建筑设计方案的控制能力：必要时，工务局可以对建筑的高度、位置及墙身和屋顶的颜色进行指定。

3. 系统完善的建设管理

20世纪30年代，青岛系统完善的建设管理体系有效保障了城市建设的有序进行。按照规定，新建、改建等建设项目，应在开工前将图样与工程说明书上报工务局，填写营造请照单，说明建筑师、营造厂、建筑期限等信息，工务局第二、第三科查验属实，填写营造查勘单并填发营造执照。项目完工后，业主填写使用请照单，待工务局第二、第三科查验完毕，填写使用查勘单，并填发使用执照。对于项目不能按时开工、完工的，也有着相应的展期规定。

1　特别建筑区域，实际上是政府划定的高级住宅区，在这个区域，政府对建筑设计和环境品质有着较高要求，以吸引高端移民。20世纪30年代初期，政府开辟八大关一带区域作为特别建筑区域，也曾有将湛山一带滨海区域开辟为特别建筑区域的计划，但由于抗战爆发而没有实现。

2　面积大于800平方米的地块，建筑密度上限为30%；面积小于800平方米的地块，建筑密度上限为40%。

在许多情况下，政府长期发展目标不可避免地会与私人业主的短期利益产生矛盾。依靠合理的政策法规，这些矛盾在大多数情况下能够得到有效化解。无法依靠法规进行规范的个案，由政府建设管理机构与私人业主进行协商，在这个过程中，政府工作人员在积极维护公共利益与坚持原则的前提下，充分理解与顾及私人业主的利益诉求，多数情况下都能寻得圆满解决方案。

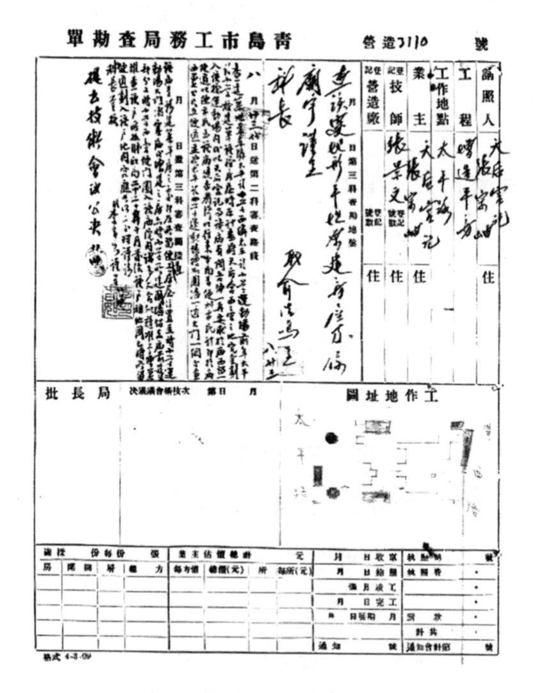

青島市工務局查勘單　　營造3110　號

請照人　住
工程
工作地點
業主　住
技師　住
營造廠　住

局長批
工作地址圖

图 8　青岛市工务局营造查勘单

在一些具体案例中，城市建设主管部门显示出对城市整体形象的关注，并通过与项目设计师的沟通，与相邻建筑设计进行协调。市政当局还计划设立“房屋审美委员会”，聘请美术家建筑家为委员，每年开会一次，审查本期内新建建筑之图样，优良者予以奖励，以此改进建筑行业与城市面貌。

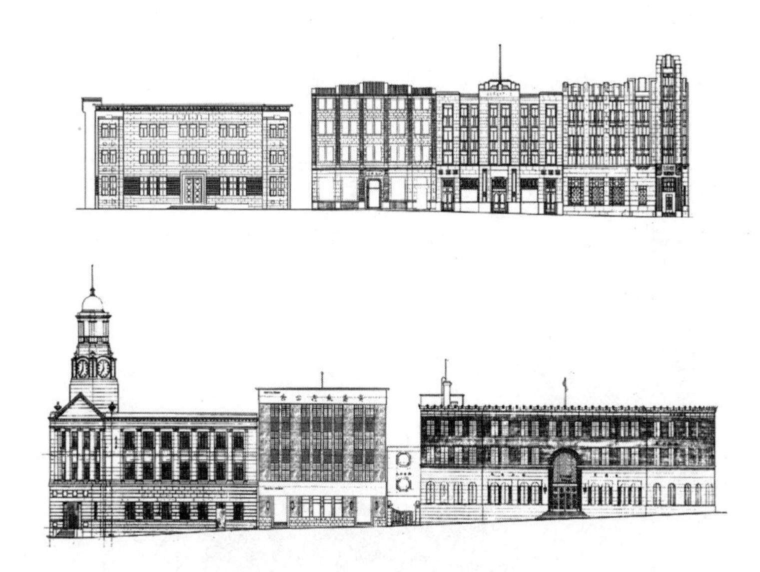

图9　20世纪30年代初在中山路中段落成的银行街坊，工务局要求建筑外立面采用天然石材，并同建筑师就檐口和腰线的高度等问题进行协调

五　20世纪30年代青岛主要城市建设活动及特征

20世纪30年代，青岛的建设实践可以分为公共规划建设引导和私人建设活动两个部分，政府通过规划和市政基础设施建设拓展城市空间，并进行公共项目建设，对城市发展和建设施加自上而下的引导。在这种引导下，大量私人建设活动形成自下而上推动城市发展的力量。

1. 20 世纪 30 年代青岛城市空间的拓展与展望

20 世纪 30 年代初期，面对一日千里的城市快速发展局面，青岛市政当局加快了对城市空间的拓展，城市继续向东与向北发展。政府相继开辟信号山路、大学路与八大关一带市街作为高级住宅区，扩建台东、四方与沧口一带市街作为普通商住区与工业区，并计划开发亢家庄、浮山所一带市街作为新的城市组团。

这一系列市街拓展计划并非是对城市发展的消极应对，而有着系统的长远考量。对如何将青岛发展成为现代大都市，青岛市政当局形成了清晰的思路和合理的实现路径。1935 年公布的《都市计划》对此进行了详细的说明。

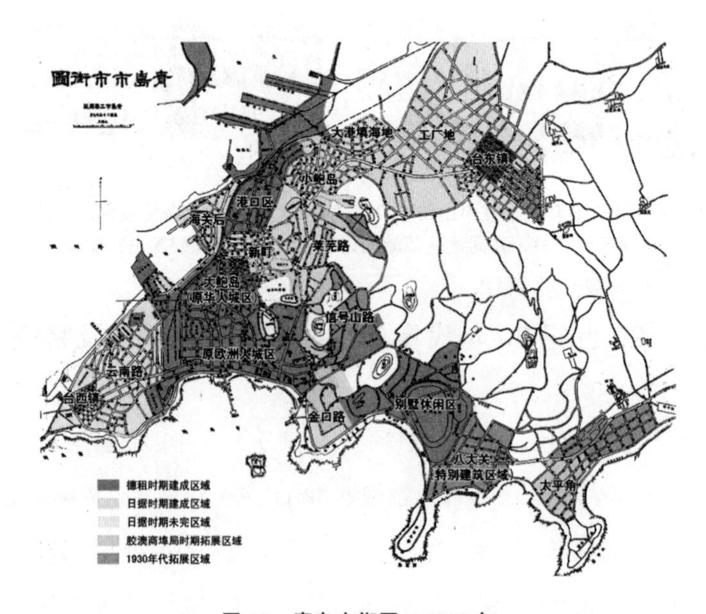

图 10　青岛市街图，1936 年

规划以一百万人口容量为目标，调整并扩展了主要城区空间结构，在地理位置居中的台东镇以西原有工厂地区域建设新市中心，并以此组织主城区组团框架结构：原有中山路、辽宁路一带成为西南组团，以商业和居住混合区域为主；市中心西部新开辟为港埠区；北部沿胶济铁路向北，将四方、沧口一带建设为工业与居住区；中心南侧的太平山与汇泉湾为休养区；东南开辟为以居住为主要功能的新市区。

为应对城市规模进一步扩大，《都市计划》依据青岛地理与空间特征，提出区域统筹、轴向带动、组团发展的城市格局发展策略，规划了南海沿、李村河等五条海滨与河谷发展廊道，并完成张村、李村等卫

图 11　大青岛市发展计划图，1935 年

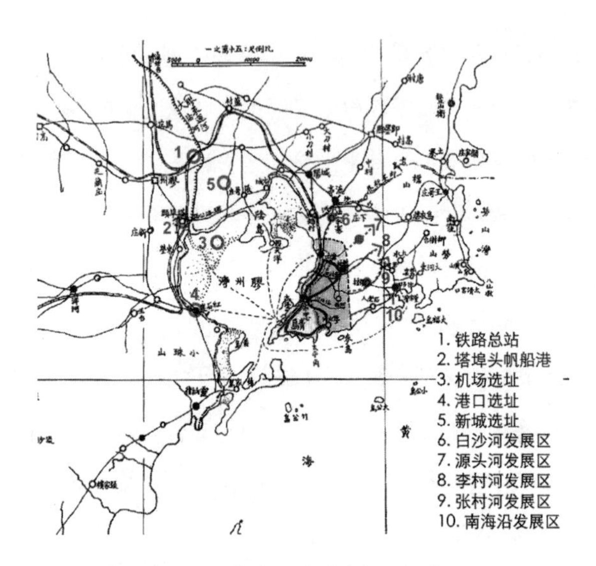

图 12　青岛远期城市拓展示意

星城市选址，疏解中心城区。规划还提出，胶州一带土地平整、适宜建设，又有铁路枢纽之便[1]，周边可建设空港与深水港，交通条件优越，在此建立辅城，发展工业与仓储物流，使之成为青岛门户，分担主城空间与发展压力。

2. 政府公共建设项目引导

20 世纪 30 年代初，青岛市政当局完成了一系列公共建设项目，其中包括礼堂、学校、体育场、科研机构、平民住宅与公园等。建筑设计大多由工务局完成。这些公共建设项目体现了政府的建设意向，对私人

1　规划判断，未来连接连云港的铁路当与胶济铁路在胶州交会，形成交通枢纽。

建筑领域形成了一定引导作用。

在功能方面，这些项目具有明显的文化与社会属性，实践了政府执政理念：学校与礼堂促进教育普及；国术馆与体育场推广中国传统与西方体育运动，促进市民体质改进；水族馆与海洋研究所推动科学研究，为民众了解科学提供途径；平民住宅与洋车夫车站改善了底层民众的生活；一系列公园提供了休养场所。

在外观上，考虑到地段与功能的差异，这些建筑采用了各具特色的风格样式。为配合欧式城市风貌，市区内的建筑多采用简约欧洲历史主义风格，强调比例划分，利用轴线对称烘托庄严感与纪念性。莱阳路一线的水族馆、海滨公园与湛山精舍等建筑，通过中式屋顶等元素强调民族建筑风格，美化了小鱼山和曲折的海岸线所构成的自然景观。具有社会保障性质的平民住所和洋车夫车站秉承实用主义风格，基本放弃建筑装饰。

图13　1935年落成的青岛市礼堂采用了欧洲近代建筑风格

图 14　朝城路小学，建筑在实用基础上略加装饰，约 1933 年

图 15　莱阳路海滨公园，远处为水族馆，约 1935 年

这一时期新建的公园可以分为山头公园、海滨公园与城市公园三类。[1] 山头公园和海滨公园按照中国园林的思想，突出自然环境特征，开

1　这一时期建成的山头公园有观象山公园，海滨公园有莱阳路海滨公园和山海关路海滨公园，城市公园包括东镇公园与西镇公园。此外，政府还计划建设贵州路海滨公园，并利用跑马场中央空地，建设容纳足球场、棒球场等体育场地的大运动场。

辟游径，设置少量亭、廊等小品作为点缀，与自然环境相映生辉；城市公园则综合多种西方园林与中国园林的分区与造景手法，提供多样化的休憩环境。

1931 至 1933 年，青岛市政当局延长前海栈桥至 440 米，在南端增建半圆形防波堤。堤内新筑具有民族风格的双层飞檐八角亭阁，定名回澜阁。延长后的栈桥尽端恰好位于安徽路的延长线上，使回澜阁成为安徽路的对景点。由此可见，德国人曾经在青岛广泛应用的城市设计手法，被 20 世纪 30 年代工务局的设计人员所掌握。《都市计划》的新区路网设计和公共建筑布局中，有着更多类似手法的应用。

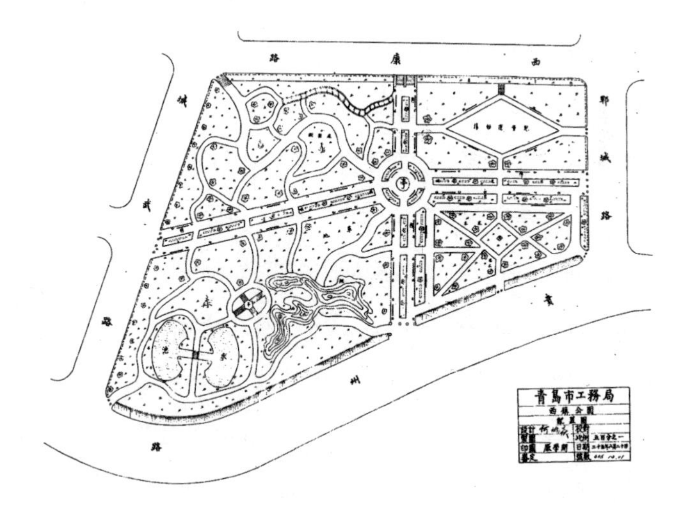

图 16　西镇公园，1936 年。方案采用巴洛克手法，将公园分为四区，分别设计为中国园林、英国花园、巴洛克园林和儿童游乐园

图 17　栈桥与栈桥公园，约 1936 年

3. 私人建设领域的多元文化特征

20 世纪 30 年代，青岛私人建设活动非常活跃，新建和翻建了大量商业、文化与居住建筑，拓展了城市建成区域。私人业主与设计者多元的文化背景、知识准备与价值认同使得这一时期的商业建筑、宗教文化建筑和住宅显示出多种多样的文化倾向和样式特征。兼有传统经验和现代特征的营造厂，是高水平建设活动的实现保证。

按照身份划分，30 年代青岛私人业主和建筑师可以分为中国、日本与欧美三个群体。在数量最多的华人业主中，存在着华洋折中与西方化两种文化倾向，青岛本土华人建筑师大多为前者服务，而后者则多委托上海等地的建筑师进行建筑设计。同时期青岛的日本业主与建筑师大多倾向于折中主义风格，同时体现细腻的日本文化特征。西方业主和建筑师的建设项目多采用相对纯正的欧洲近代建筑样式，其作品数量较少，但设计质量较高，成为推动青岛建筑文化发展的重要力量。三个建筑文化体系都对刚刚出现的现代主义建筑产生了兴趣，并通过各自的建筑实践将其引入青岛。

图 18　多样化的独立住宅立面样式

建筑市场的繁荣，使青岛的华资和日资建筑公司在 20 世纪 30 年代初得到进一步发展，并出现了一批具有现代建筑公司性质的营造厂。这些建筑公司，特别是华人建筑公司，拥有经过专业训练的管理人才，并吸收了大量受过德国人培训和经过实践训练的熟练工人，使建筑施工质量得到保证。

4. 具有地域特色的整体建筑风貌

多元的个体风格与统一的整体风貌是青岛 20 世纪 30 年代城市建筑的重要特征之一。无论公共建设项目还是私人建设活动，都显示出多样化的式样特征，各种建筑风格的拼贴，使得整座城市像是一座大型的万国建筑博览会。在形体处理方式、建筑材料与色彩应用等方面，多样化的建筑却存在广泛的共性。毗连式建筑大都体量规整，而独立式建筑则富于形体变化；建筑屋顶造型丰富，多采用红瓦坡顶。在建筑材料与色彩方面，建筑外立面除少量用清水砖面外，多用水泥拉毛抹灰墙面，施以色彩明快的粉刷，崂山出产的优质花岗岩继续得到广泛应用，人造石作为新立面材料被引入青岛。通过相似的形体处理方式、建筑材料与色彩，这些风格迥异的建筑在整体上保持了和谐统一、亲切友好的建筑形象，它们彼此之间以及与原有德租、日据时期建筑相和谐，形成在统一中富有变化的城市界面。

图 19　莱阳路一带形体变化丰富的独立住宅，约 1935 年

5. 城市建筑层次以及建筑与城市的对话

20 世纪 30 年代，青岛城市建筑物质形态可以分为核心城市建筑与一般城市建筑两个层次。大量公共和私人建筑项目融入了积极的城市元素，使建筑与城市之间形成了良好的对话。在开放式与围合式街区，一般城市建筑有着各具特色的共性特征。

核心城市建筑数量较少，一般以庞大的体量、华丽壮观的建筑设计成为城市的地标建筑。许多建筑通过将正对道路的立面以及位于路口的建筑转角作为建筑入口和主要立面进行设计。这些建筑通过纪念性立面、塔楼、体量变化与山墙等要素，形成城市环境中的视觉重点。

图 20　刘铨法设计的物证交易所大楼。建筑街角部位的处理与城市空间形成良好的互动

一般城市建筑占城市建筑的大多数，构成城市基本肌理。20 世纪 30 年代，具有连贯性的建筑法规、土地政策、业主认知以及设计领域的路径依赖，使青岛特有的二元建造方式与城市肌理延续下来。这一时期形成的建筑群和街区，成为对已有城区的良好补充，共同构成了统一的城市形象。围合式街区的一般城市建筑多沿街整齐建造，着重刻画与装饰街道立面，立面多以纵向线条有序划分，将一层的入口和屋顶女儿墙

图 21　围合式一般城市建筑立面

图 22　中山路北段富有层次的街道空间天际线，20 世纪 50 年代

以及朝向开敞空间和街道交叉口的建筑部位作为重点刻画对象，塑造出富有韵律感的街道空间和城市开放空间。在开放式街区，各种类型的独立式建筑散布在花园中，建筑形体变化丰富，建筑的大门、车库与镂空围墙的材料、颜色和样式各不相同，成为富有艺术感的城市界面。同时期，青岛新建以及扩建的规模较大的建筑群多采用开放式建造方式，总体布局充分利用原有条件与地形特征，通过建筑物的合理排布，形成高质量的外部空间序列。

六 20世纪30年代青岛城市建设模式特征

青岛20世纪30年代的城市建设模式是特殊历史条件下的产物，是多种因素相互作用的结果，其各项要素之间有着层次丰富的逻辑关系，其特点可以从以下三个方面进行归纳。

1. 合理、完善的城市建设体系

20世纪30年代，青岛形成了一套囊括了物质层面与非物质层面、公共层面与私人层面各项要素的城市建设体系。这套体系结构合理、内容完善，是同时期青岛快速、有序、高质量城市发展的结构性支撑。德租、日据以及胶澳商埠局时期的城市建设成果，为20世纪30年代的城市发展提供了坚实的物质基础；科学现代的政府构架和高素质的政府人员是20世纪30年代青岛城市建设有序推动的基本前提；清晰明确的市政理念和建设目标，为城市发展明确了合理的方向和路径；完善与相互协调的城市规划、土地政策、建筑法规，为20世纪30年代城市发展提供了合理的框架性约束；政策法规的有力施行和有效的建设管理是建设有序推进的重要保障；政府基础设施建设和公共建设项目是推动城市发展的重要动力，系统地实现了其施政理念和发展目标；具有多元文化特征的私人建设活动，是青岛20世纪30年代城市建设的主体内容，丰富和提升了城市形态的内涵。单体建筑的彼此和谐，以及城市建筑元素的融入，加强了特征鲜明的整体城市形象。

2. 对传统的继承和对新元素的吸纳

对先前发展经验全面系统的继承和积极更新，是20世纪30年代青岛形成合理、成熟的建设范式的基本前提。

民国时期青岛的建筑范式，对城市前期发展阶段的建设成果以及建设传统与经验，从公共领域与私人领域的各个维度上进行了继承，使得大量传统、观念、经验、技术和开发模式得以延续。无论是政府还是私人，都对城市之前发展阶段的建设成果持肯定的态度，这种肯定包括了对城市建设物质成果和对非物质层面的法规政策和管理方式的认同，使青岛的建设模式沿着其固有路径继续发展。

同时，一系列具有多元文化背景和时代特征的新元素，借助政府、个人和社会等多种方式，融入青岛城市发展过程中，使原有发展模式得到有效更新。优越的城市环境和突出的城市地位使青岛在30年代初期吸引了大量高层次移民，这些政治、经济与文化精英成为发展模式更新的途径。发展模式的新元素中，既包括对传统元素的再发掘，也包括对当时新技术、新观念和新手法的借鉴。在这个过程中，中、日、欧美等多元文化的彼此接触、相互作用和融合是这一历史时期城市繁荣的重要支撑。

3. 基于城市发展现实的良好的公私互动

明确的公共与私人领域的划分以及二者之间清晰的权责和良好的互动，是青岛 20 世纪 30 年代建设模式的重要特征。合理的土地与物业产权规模以及清晰的“政府—业主——般居民个体”管理层级，使政府可以直接面对城市发展的主要参与者，对其施加影响与进行有效管控。在长远发展目标方面，政府与私人之间存在着广泛的共同利益，通过法规的规范与人性化的协商，公共利益与私人业主短期利益之间的矛盾能够得到有效化解。社会的有序发展和经济繁荣既是政府的重要目标，也是私人领域的核心兴趣。在对美学的追求方面，私人业主通过建筑个案设计树立自我形象与认同，而个案的累积则提升了城市整体形象。此外，政府为提升城市生活品质而积极推动的建设项目和管理措施，成功吸引了大量高素质移民，他们所带来的经济与文化财富，通过私人建设活动进一步推动了城市品质的提升。

近代德国建筑师在上海（1898—1946）

郑时龄

近代上海的德国建筑师主要是在中国的近代早期发挥作用，由于德国在第一次世界大战中成为战败国，德国在中国的业务，包括建筑师的设计事业也就一蹶不振。德国建筑师在近代上海不像英国、法国、美国和中国建筑师那样发挥着主流的作用，但是德国建筑师的作品有着不可忽视的影响，创造了许多优秀的建筑作品。

近代上海最著名的德国建筑师是海因里希·倍高（Heinrich Becker，1868—1922年），倍高出生在德国的什未林，曾在慕尼黑大学学习建筑，毕业后去开罗为埃及政府工作5年，1898年到上海，1899年创办倍高洋行，是在上海的第一位德国建筑师，成为德国驻上海各机构和团体的建筑师。[1] 倍高在华俄道胜银行的公开设计竞赛中获胜，1904年又在大德总会（1904—1907年）的设计竞赛中获胜，卡尔·倍克（Karl Baedecker，1868—1922年）承担室内设计任务（图1，华俄道胜银行）。

1 Arnold Wright, *Twentieth Century Impressions of Hongkong, Shanghai, and Other Treaty Ports of China*, Arkose Press, 2015, 632.

图 1　华俄道胜银行

图 2　倍高洋行的图签

倍克在 1908 年成为事务所的合伙人，后者更西名为 Becker & Baedecker，在北京、青岛、天津设分号（图 2，倍高洋行的图签）。倍高洋行在 1908 年还设计了挪威人湛盛（K. K. Johnsen）的乡村别墅，这是倍高洋行设计的一幢早期住宅建筑[1]（图 3，湛盛宅）。据推测，一些德国洋行大

1　湛盛于 1893 年进中国海关工作，据上海市城建档案馆 D(03-01)-1908-0059 档案，该建筑即位于陕西北路 369 号的宋家老宅。

图 3-1 湛盛宅立面图

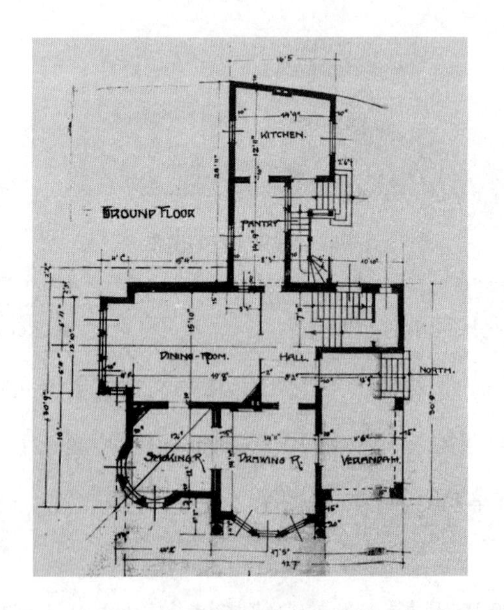

图 3-2 湛盛宅一层平面图

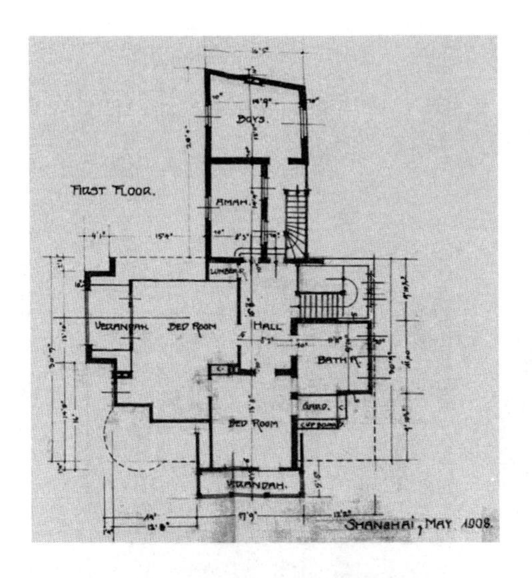

图 3–3　湛盛宅二层平面图

楼以及德国商人的住宅也是倍高的作品，但是需要进一步的考证。倍高于 1911 年 4 月结束在中国的工作，取道澳大利亚回德国，事务所改名为倍克洋行，西名为 Karl Baedecker。卡尔·倍克是倍高的同学，曾经担任科隆城建部门的建筑师，1905 年到上海，1908 年成为倍高洋行的合伙人。倍高的助手里夏德·哲尔（Richard Seel，1854—1922 年）在柏林学习建筑，1875 年进入贝克曼和安德事务所工作，1888 年赴日本工作，曾经在日本东京设计政府办公楼，1896 年在横滨开设事务所，1903 年回德国。倍高洋行的代表作还有德国书信馆（1902—1905 年）、大德总会（1904—1907 年）、德国领事馆（1907 年）等（图 4，大德总会）。大德总会表现了浓重的德国建筑风格，与倍高设计的 1900 年巴黎世界博览会的德国馆的风格一脉相承。倍克洋行又设计了德国技术工程学院的总

图 4　大德总会

平面以及教学楼和实验室（1912—1917 年）（图 5，德国技术工程学院）。[1]

卡尔·贝伦德（Karl Behrendt），德国工程师，1906 年在北京路 44 号建立贝伦德洋行（Behrendt & Co.），承接建筑设计、监理和咨询业务，包揽营造工程，一度在青岛设分号，1909 年尚见于记载。

汉斯·埃米尔·里勃（Hans Emil Liebe）的设计作品有威廉学堂（1910—1911 年）和俄罗斯领事馆（1916 年），威廉学堂曾经在 1925 至 1926 年扩建，今已不存（图 6，俄罗斯领事馆）。

苏家翰（Karsten Hermann Suhr，1876—？年），德国建筑师，1906 年到中国，开始在倍高洋行工作，1907 年担任倍高洋行在北京和天津

1　Tung-chi Technische Hochschule，*Denkschrift aus Anlass der feierlichen Einweihung der Tungchi Technischen Hochschule in Shanghai-Woosung*，Meisenbach Riffarth，1924，8.

图 5　德国技术工程学院

图 6　俄罗斯领事馆

图 7　苏家翰

分号的主持人，1909 年回到上海，1913 年成为倍克洋行的合伙人（图 7，德国建筑师苏家翰）；第一次世界大战时期去了天津，被日本人俘虏；1920 年回到上海开业，事务所的名称为苏尔洋行营造工程师、苏尔工程师、苏家翰建筑师等；他 1925 至 1927 年的合伙人是沃泽饶（A. Woserau），他们参加宝隆医院的设计竞赛，获第一名；作品有吴淞的同济大学、复旦大学、复旦中学等（图 8，吴淞的同济大学）。[1]

扑士（Emile Busch）是宝昌洋行（E. Busch Architect）的创始人，

1　George F. Nellist，*Men of Shanghai and North China*，*A Standard Biographical Reference Work*，The Oriental Press，1933. 据华纳（Torsten Warner）在 *Deutsche Architektur in China German Architecture in China*（Ernst & Sohn，1994）第 126 页所述，吴淞的同济大学教学楼和机械馆（1922—1924 年）由德国工程师埃里希·奥伯业因（Erich Oberlein）设计。

图 8-1　吴淞的同济大学教学楼

图 8-2　吴淞的同济大学机械楼

曾经担任中山陵设计竞赛评判顾问。[1] 作品有德侨活动中心和威廉学堂（Deutsche Gemeindhaus und Kaiser-Wilhelm-Schule，1928 年）、祁齐路宋宅（今上海市老干部局，1929—1931 年）和逸村（1932—1934 年）等（图 9，德侨活动中心和威廉学堂）。

汉堡嘉（一译汉姆布格，Rudolf Hamburger）出生在西里西亚，1925 年在柏林工业大学师从汉斯·珀尔齐希（Hans Poelzig，1869—1936 年）学习，1927 年毕业，1929 年到上海，应聘担任公共租界工部局建筑师，1935 年离开上海（图 10，汉堡嘉）。他主要的作品有维多利亚护士宿舍（1933 年）、华德路监狱（1934 年）和工部局华人女子中学（1934 年）等。作品风格完全是现代建筑，注重功能、简洁实用，成为引领近代上

图 9　德侨活动中心和威廉学堂

1　赖德霖、伍江、徐苏斌主编:《中国近代建筑史》第三卷，中国建筑工业出版社，2016 年，第 151 页。

图 10　汉堡嘉

海现代主义风格建筑的先锋（图 11，维多利亚护士宿舍）。[1]

鲍立克（Richard Paulick，1903—1979 年），德国建筑师，1923 年毕业于德累斯顿理工大学，1925 年起在德骚的包豪斯担任教师，1925 至 1927 年在柏林工业大学师从汉斯·珀尔齐希，1930 年独立开办建筑师事务所。1933 年应同学汉堡嘉之邀到上海加入“现代之家”公司（The Modern Home），担任室内建筑师。1936 年与他的弟弟鲁道夫·鲍立克（Rudolf Paulick）建立“现代之家”事务所（Modern Home）。1943 年建立鲍立克建筑工程司行（Paulick & Paulick Architect）（图 12，鲍立克）。[2]1943 年接受圣约翰大学的聘任，担任都市计划和室内设计教授，

1　吕澍、王维江：《上海的德国文化地图》，上海锦绣文章出版社，2011 年，第 83—86 页。

2　侯丽、王宜兵：《鲍立克在上海——近代中国大都市的战后规划与重建》，同济大学出版社，2016 年，第 61 页。

图 11-1　维多利亚护士宿舍

图 11-2　维多利亚护士宿舍室内

图 12　鲍立克

1945 年负责上海的规划办公室，1946 年参加大上海区域计划的编制工作。他在上海期间的作品有淮阴路 200 号姚有德宅（1948—1949 年），这座乡村别墅的室内空间注重野趣，大量采用毛石墙面，会客厅内有一座中国式的庭院。鲍立克于 1949 年 10 月离开上海回到东德，长期担任民主德国建筑研究院副院长，在柏林留下了一些作品（图 13，姚有德宅，作者摄）。[1]

毕业于德国大学的土木工程师杜斯特（Durst）于 1932 年在博物院路开设事务所，提供土木工程咨询和建筑设计。[2]

1　侯丽、王宜兵：《鲍立克在上海——近代中国大都市的战后规划与重建》，第 214 页。

2　王健：《上海犹太人社会生活史》，上海辞书出版社，2008 年，第 110 页。

图 13-1　淮阴路 200 号姚宅

图 13-2　淮阴路 200 号姚宅室内

天文学与建筑

——人类走向文明进程的相似性

许剑峰

一　中西方天文学的交融

天文学在中国的科技发展史上有着特殊的地位。在李约瑟编著的《中国科学技术史》中，第一个介绍的自然科学就是天文学。中国的天文学是从敬天的“宗教”中自然产生的，是从把宇宙看作一个统一体甚至是一个“伦理上的统一体”的观点中产生的，世俗的最高权力都在与天象建立的联系中得以合法化。在西方，研究这种科学的人被认为是隐士、哲人和热爱真理的人，他们和本地的祭司一般没有固定的关系，但对古代中国来说，这门自然科学却与政治之间有着密不可分的联系。

中西方天文学的交流由来已久，早期传入中国的天文学来自印度，是丝绸之路上佛教东传的副产品。中国和西方天文学的最大的区别在于算法的不同，中国传统的天文学使用代数的方法处理数据，用列表、数字叠加的方式，不太讲究理论。而西方的天文学研究则是用几何的方法来推演。明代时，历法年久失修，故经常出现舛谬，修历迫在眉睫。1629 年（明崇祯二年）11 月 6 日，历局成立，历局是个临时的研究改历的机构，其任务就是编纂一部《崇祯历书》，实际上就是编纂一部西方的数理天文学知识集成。历局的成立意味着西方古典天文学系统传入中国和中西天文学交流沟通的开始，是“西学东渐”的重要组成部分。

明末清初的中西历法之争将天文学的交流推向了顶峰。一方面传教士来华传播西方科学技术知识，为了赢得中国最高统治者和社会的赞许和承认，从而进一步传播天主教，另一方面也着实促进了中国天文学的发展，这背后不乏文化的较量，其中有三个重要人物：利玛窦[1]、汤若望[2]和南怀仁[3]。利玛窦提出了“合儒超儒”的传教方针。利玛窦曾说：“如

1　利玛窦（Matteo Ricci）1552 年 10 月 6 日生于今意大利马尔凯大区，意大利的天主教耶稣会传教士、学者，明朝万历年间来到中国传教，是天主教在中国传教的最早开拓者之一，是第一位阅读中国文学并对中国典籍进行钻研的西方学者。他通过“西方僧侣”的身份，以“汉语著述”的方式传播天主教教义，并广交中国官员和社会名流，传播西方天文、数学、地理等科学技术知识，他的著述不仅对中西交流做出了重要贡献，对日本和朝鲜半岛上的国家认识西方文明也产生了重要影响。

2　汤若望（Johann Adam Schall Von Bell）1592 年 5 月 1 日生于今德国科隆，早年加入耶稣会。1619 年（明万历四十七年）来中国，在中国生活 47 年，历经明、清两个朝代，深得三位皇帝宠信，是中西历法之争的核心人物。1644 年（清顺治元年）任钦天监监正，继而兼太常寺卿、光禄大夫，并诰封三代，深受顺治帝器重。著有《崇祯历书》(由徐光启、李之藻、李天经、汤若望等人编译，标志着中国天文学从此纳入世界天文学发展的轨道)《主制群征》《主教缘起》等宗教著作和《古今交食考》等天文学著作多部。

3　南怀仁（Ferdinand Verbiest）1623 年 10 月 9 日出生于今比利时首都布鲁塞尔，1658 年来华，是清初最有影响的来华传教士之一，为近代西方科学知识在中国的传播做出了重要贡献。他是康熙皇帝的科学启蒙老师，精通天文历法，擅长铸炮，是当时国家天文台（钦天监）业务上的最高负责人，官至工部侍郎，正二品。著有《康熙永年历法》《坤舆图说》《西方要记》等。

果能派一位天文学者来北京，可以把我们的历法由我翻译成中文，这件事对我来说并不难，这样我们会更获得中国人的尊敬。”另一位传教士邓玉函在写往欧洲的信中称：“我极希望从伽利略先生处……得到来自他新观察到的关于日、月交食的推算……因为它对我们革新旧历有着急迫的必要性。如果要寻找一个合法的、可以作为我们在中国存在的理由，借此让他们不把我们驱赶出这个国度，这就是唯一的理由。”

汤若望秉承利玛窦通过科学传教的策略，在明、清朝廷历法修订以及火炮制造等方面多有贡献，成功地预测了1623年10月8日出现的月食。1624年9月，他又准确地预测了月食。他还用一种罗马计算月食的方法，计算了北京子午圈与罗马子午圈的距离；1629年著《远镜说》介绍伽利略望远镜，第一个将欧洲的最新发明介绍给中国，此书成为传播光学和望远镜制造技术的奠基性著作，在以后的历法改革中起了相当大的作用。1638年崇祯赐予他“钦褒天学”四字，制匾分送各地天主堂悬挂。

1644年（清顺治元年），清军进入北京。汤若望以其天文历法方面的学识和技能受到清廷的保护，受命继续修正历法。汤若望多次向新统治者力陈新历之长，并适时进献了新制的舆地屏图和浑天仪、地平晷、望远镜等仪器，而且用西洋新法准确预测了1644年农历八月初一丙辰时日食初亏、食甚、复圆的时刻，终于说服当时的摄政王多尔衮，后者决定从顺治二年开始，将其参与编纂的新历颁行天下。他用西法修订的历书（即《崇祯历书》的删节版）被清廷定名为《时宪历》，颁行天下。他以孜孜不倦的努力，在“西学东渐”过程中成就了一番不可磨灭的成绩。中国今天的农历就是汤若望在沿用明朝农历基础上加以修改而成的“现代农历”。

图 1　利玛窦（意大利）、汤若望（德国）、南怀仁（比利时）

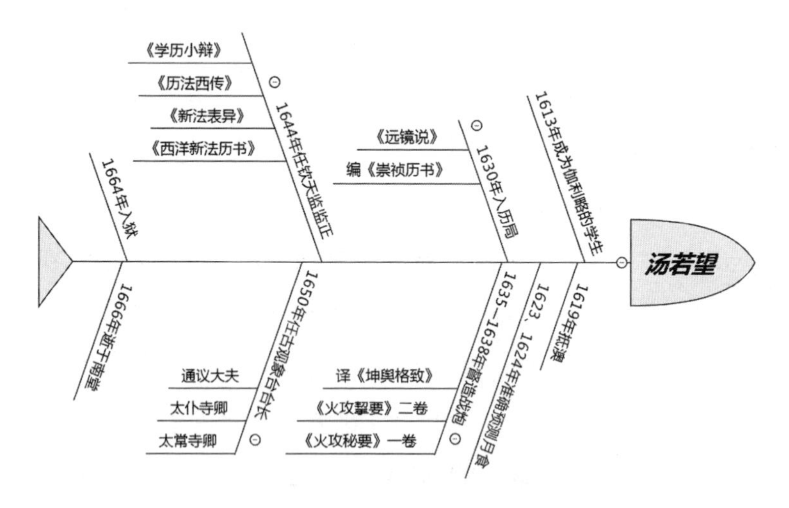

图 2　汤若望生平成就

图 3　汤若望德国 1992 年纪念邮票

图 4　汤若望德国明信片

南怀仁擅长机械制造，善历法、懂兵器、会造炮。此外，南怀仁还当翻译、搞测量、教数学，是耶稣会士中数一数二的杰出人物。清康熙八年三月初一日（1669 年 4 月 1 日），南怀仁被授以钦天监监副，改造观象台，重造适用于西洋新法的天文仪器。康熙八年八月着手修造，经过四年多努力，于康熙十二年（1673 年）用铜铸成六件大型天文仪器，安装在北京观象台上，它们是：测定天体黄道坐标的黄道经纬仪、测定天体赤道坐标的赤道经纬仪、测定天体地平坐标的地平经仪和地平纬仪（又名象限仪）、测定两个天体间角距离的纪限仪和表演天象的天体仪，这些仪器取代了深仪和简仪等传统仪器。南怀仁后来还制造过简平仪、地平半圆日晷仪等多种天文仪器，并著有《赤道南北两总星图》（1672年）和《简平规总星图》（1674年）等。南怀仁设计监制的仪器典雅精美，它们不仅是观测天象的仪器，而且也是瑰丽的艺术品，它们作为中西科学交流的历史见证，至今仍陈列在北京古观象台。

南怀仁完成观象台仪器的改造之后接到了清廷的新命令：预推未来一两千年的历表。康熙十七年（1678年）七月，《康熙永年历法》三十二卷编撰完成。南怀仁将汤若望顺治二年十二月所著诸历及二百年恒星表，相继预推到数千年之后。《康熙永年历法》实际上是一部天文表。它分为八个部分：日、月、火星、水星、木星、金星、土星以及交食，每一部分各四卷。各部分的开始给出一些基本数据，然后给出某一天体两千年的星历表。根据这些星历表，就可以很容易地编出民历。

二　中国古天文学

《中国大百科全书·天文学》卷对“天文学”的描述是：“天文学是一门古老的科学，它的研究对象是辽阔空间中的天体，几千年来，人们主要是通过接收天体投来的辐射，发现它们的存在，测量它们的位置，研究它们的结构，探索它们的运动和演化的规律，一步步地扩展人类对广阔宇宙空间中物质世界的认识。”中国古天文学对星空和天体的观测限于直接使用视觉器官，根据恒星在天空中位置的变化和观测结果来决定农事活动，这一时期对天文的了解和认识仅仅限于感受。在古代中国，天象观测既是一种精确的科学研究，也是一种细致的史学记载。

1. 中国古代天文学的典型特征

相对独立发展的中国古代天文学，其典型特征可以概括为三点：官制、皇权和天人感应。

官制方面，国家设立专门机构从事天象的观察记录，从秦汉的太史令、唐代的太史局和司天台、宋元的司天监，到明、清两朝的钦天监，国家天文台在历朝历代从未中断，一直享有很高的地位，首席皇家天文学家的官职可以达到三品。长期不允许民间私自从事天文活动，这是中国古代天文学有异于西方天文学的一个重要特征。在少昊氏时，人人私下研习天文，都搞起了沟通上天的巫术，致使天下大乱。颛顼帝命令“绝地天通”，禁止了平民与上天的沟通交流，与天交流的权力就专属于天子，也只有天子钦定的巫觋才有资格去沟通上天。从此天文学在古代中国就成了皇家的专属品，而天子也开始拥有了对“天命”的解读权。

皇权方面，制定历法和颁布历法是皇权的象征，被列为朝廷的要政。历代王朝都在政府机构中设有专门司天的天文机构，配备一定数量的具有专门知识的学者进行天文研究和历书编算。其目的是服务于国家政治和指导农事，具有很强的实用性。历法在中国的功能除了为农业生产和社会生活授时服务外，日、月食和各种异常天象的出现，常被看作上天出示的警告。

天人感应方面，中国哲学中关于天人关系的一种唯心主义学说认为，“天垂象，示吉凶，圣人则之”，天能影响人事、预示灾祥，人的行为也能感应上天，天子违背了天意，不仁不义，天就会出现灾异进行谴责和警告；如果政通人和，天就会降下祥瑞以示鼓励。天人感应思想在中国古代君主施政方面发挥了积极作用。因此，中国古天文学被赋予沟通天意、趋吉避凶的责任。

2. 中国古代天文学与文字

在上古时代，天文学知识较为普及，天文学与日月星辰这些直观的天象联系甚密，而这些天象同样是先人日常描写的内容和重要题材，它的很多内容成为文字的形式和意象，深刻影响了中国古代文字学者，成为造字的渊源和基础，直接促进了中国象形文字的发展。象形文字曾是人类文明诞生时期的主要文字，古印度、古埃及、古巴比伦都有发现象形文字，消失的玛雅文明的遗址等也有象形文字出土。中国的甲骨文承载了诸多文化信息，其中天文学是其重要内容。但是随着文化的推移，进入文字学领域的事象逐渐繁多，靠个人的记诵已经不足以穷尽众多的知识门类，于是类书的出现给文人学士带来了遣词用典上的极大方便。到了明清时期，天文学已经成为一门高度专业化的学科，文人学士已经难以究其终始，天文学的真义也因此丧失，常与占星术、阴阳、八卦、五行说等宗教神学联系在一起成为神学的御用法宝。所以顾炎武说：“三代以上，人人皆知天文。‘七月流火’，农夫之辞也；‘三星在户’，妇人之语也；‘月离于毕’，戍卒之作也；‘龙尾伏辰’，儿童之谣也。后世文人学士，有问之而茫然不知者矣。”

无独有偶，这种现象不仅出现在中国，世界上许多地方宗教文明也往往与天文学有着较深渊源，这与人类对自然界的认识过程有关系，所以历史上的天文星官一般都是兼具占星家等身份的宗教巫师。

中国古代的象形文字作为文化的载体已经超越了文字本身，它承载了中国的千年文明，其中很多汉字都具有天文学的意义，譬如“王”“皇”“帝”“巫”，不胜枚举。

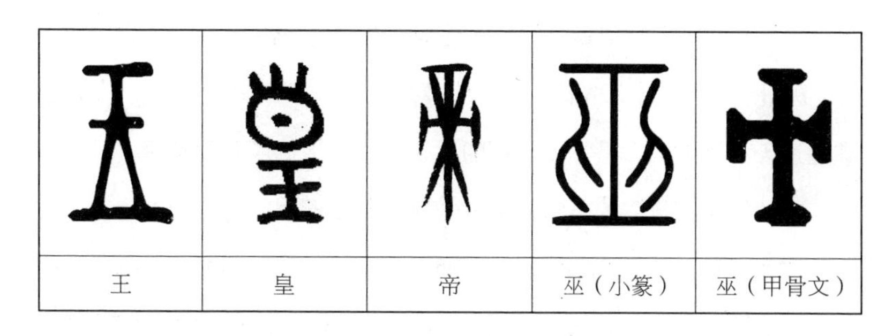

图 5　中国古代象形文字

许慎《说文解字》中说：“王，天下所归往也。三画而连其中谓之王。三者，天、地、人也，而参通之者王也。”“王”字中上下两横代表“天、地”，即“天在上，地在下，人在天地间”，故而“王”的本义就是“知晓天文地理，熟悉天、地、人之道”的那个人。“皇”即为“王”，上方的“白”代表太阳刚刚升起，是“始”的意思，所以“皇”的最初释义为“最早的王”。“帝，谛也。王天下之号也。”“帝”在甲骨文中可解释为获得“八方八时”通天之法的人。

作为古代的君主或皇帝，他必知晓通天之道方可信服于人，了解了“天、地、人之道”才能被称作君王。所以“帝”之所以演化成后来同“王”具有一样身份统领天下的人，就是因为他拥有“称王天下的口令或理由”，而他所拥有的这个口令或理由一定是“通天之道”，即天文学知识。

“巫”上下两横分别代表天和地，中间的“丨”表示能上通天意、下达地旨；加上“人”，就是通达天地、中合人意的意思。其中的“人”分列左右，代表众人，蕴含着期望人们能够与天地上下沟通的梦想。可见“巫”和“王”从甲骨文的造字结构来看完全一致。

因此，“王”“皇”“帝”“巫”从最初就与天文观测有关联，代表了掌握通天法则的人，是掌握权柄的重要人物。他们了解和掌握“日中测影”或“竿影测日”的方法，通过一根竿子掌握太阳的运行规律。于是竿子成为了重要的崇拜偶像，从普通观测影子的工具逐渐演化成神圣的象征，成为古人用来通天的神柱。“丨”便代表了通天器物“圭”“竿”，后演化为“权杖”“华表”。

3.“通天之道”与“立竿测影”

中国很早就采用了竿影法来测定时间、辨别季节、确定方位，在竿影法中最重要的是用“日中”的影子，即所谓的子午线来判定方向。子午线一旦定位，空间方位和季节时令便易于掌握，它对于古代农耕时期的人们来说是至关重要的大事。“立竿测影”是中国古代天文观测的一种方法，通过立竿测影，古代先民了解了空间方位、季节、时辰、气候，最终建立了古代的天文历法。

立竿测影在中国起源很早，古人至迟在新石器时代就已经掌握了准确的立竿测影技术。河南濮阳西水坡墓群出土的 6 500 年前人类胫骨为早期立竿测影的“髀”骨，在山西陶寺出土的 4 100 年前古观象台的漆杆亦证实，新石器晚期已经出现了十分成熟的“竿影测日”技术。[1]

因使用“日中测影”技术可以为国家、人民带来准确的方位和时间，所以人们用“在方形的土地上贯穿一条南北方向的子午线”表示代表广袤大地的“中”。由于“中”从天文观测而来具有方位指向性，“尚中”的思想便油然而生，以“中”命名的“中原”“中国”也由此产生。

1）华表的天文学意义

华表原是古代观天测地的一种仪器，尧舜时代就出现了，它有道路标志的作用，亦用于辨明方向，有供过路行人留言之用的，称“桓木”或“表木”。《辞源》中对华表的解释如下：古代用于表示王者纳谏或指路的木柱。晋崔豹《占今注·问答解义》中说：“程雅问曰：‘尧设诽谤之木，何也？”答曰：“今之华表木也。以横木交柱头，状若花也。形似桔槔，大路交衢悉施焉。或谓之表木，以表王者纳谏也。亦以表识衢路也。秦乃除之，汉始复修焉。今西京谓之交午木。”

春秋战国时期有一种观察天文的仪器表，人们立木为竿，以日影长度测定方位、节气，并以此来测恒星，可观测恒星年的周期。古代在建

1　黎耕、孙小淳：《陶寺 II M22 漆杆与圭表测影》，载《中国科技史杂志》2010 年第 4 期，第 363—372 页。

筑施工前，还以此法定位取正。一些大型建筑因施工期较长，立表必须长期留存。为了坚固起见，常改立木为石柱。一旦工程完成，石柱也就成了这些建筑物的附属部分，作为一种形制而保留下来，成为宫殿、坛庙寝陵等重要建筑物的标志。后世华表多经雕饰美化，表柱为圆形或八角形，雕有蟋龙云纹，柱头有云板，校顶置承露盘，华表的实用价值逐渐丧失而成为一项艺术性很强的装饰品。

2）方尖碑的天文学意义

方尖碑在建立之初就被赋予了一定的时空意义。方尖碑的碑尖能捕捉到黎明的第一缕阳光，这道阳光正是太阳神赐给人世的“原始生命力”，也即一天计时的真正开始。《金字塔铭文》写道：“天空把自己的光芒伸向你，以便你可以去到天上，犹如拉的眼睛一样。”方尖碑正是法老奉献太阳神拉的建筑，方尖碑也表示太阳的光芒。由此可知，与金字塔有着同样角锥体外观的方尖碑正是法老通天的工具。

方尖碑是世界上最早的计时器，并被作为“太阳罗盘”使用。[1] 大约公元前 3500 年，埃及人就学会了利用方尖碑在太阳下投影来记录一天中的各个时刻，并利用一年中正午时分方尖碑日影的最长和最短长度来确定夏至日和冬至日。这种计时方法，与中国古代使用过的日晷计时十分相似，却比日晷早了上千年。通过观察方尖碑影子的变化，古埃及人从中学会了如何区分季节的变化。

1　陈春红、张玉坤：《解读埃及方尖碑》，载《哈尔滨工业大学学报》（社会科学版）2009 年 9 月。

4. 立竿测影与太极图

“太极”是古代人们从生产实践中总结出来与天体有着紧密关联的宇宙图示，与立春、春分、立夏、夏至、立秋、秋分、立冬、冬至等节气息息相关。图示中蕴含太阳、月亮和一年或一天的宇宙周期。它用圆表示周天，连接立竿测日投影测量结果形成的S形线将图形区分为两个部分，一半代表太阳、白天、热，另一半代表月亮、黑夜、冷，综合为一体称为“太极图”。

立竿测影的成果影响着中国五千年的传统文化以及以中国传统哲学为指导的中国古代建筑。如果简单概括立竿测影的影响的话，可以认为由立竿测影活动及其所衍生的天文学文化是中国文化的起源，是中国宇宙观的起源，更是中国传统建筑哲学观的起源。

5. 天文学影响下的哲学观

“天人感应”是古代儒教神学术语，是中国哲学中关于天人关系的一种唯心主义学说，指天意与人事的交感相应。其认为天能影响人事、预示灾祥，人的行为也能感应上天。天人感应思想源于《尚书·洪范》，该篇从人身为一小宇宙的观点出发，认为天和人同类相通、相互感应，天能干预人事，人亦能感应上天。古人将大天体对人体这小天体的影响总结为“天人感应”，这个理论是古人根据天体运动对人体的影响、天体信息与人体信息之间的关系总结出来的，认为天体信息对人体信息有直接和间接的影响，人体对天体有各种信息感应。

“天人合一”是中华传统文化的主体，是中国哲学史上的重要命题，天地同律、人天同构、顺应自然。在“天人合一”宇宙观的指导下，“中正”成为中国建筑哲学的主要内容之一，这种思想在中国古代建筑规划和设计中一直占有统治地位。该思想概念最早由汉代儒家思想家董仲舒发展为“天人合一”的哲学思想体系，并由此构建了中华传统文化的主体。宇宙自然是大天地，人则是一个小天地。人和自然在本质上是相通的，故一切人事均应顺乎自然规律，达到人与自然的和谐。老子说：“人法地，地法天，天法道，道法自然。”“天”代表“道”“真理”“法则”，万物芸芸，各含道性，“天人合一”就是与先天本性相合，回归大道，归根复命。

“天圆地方”是古代科学对宇宙的认识，是对天地生成及其运行的解读。天圆地方本质上是《易经》阴阳体系对天地生成及其运行的解读，而《易经》为百经之首、国学之源，其思想体系认为，万事万物都是按照阴阳五行演化而来，因此在古代的各门学科中，都有阴阳五行的思想体系在其中。

“象天法地”是一个文化概念，它作为一种设计手法在中国传统建筑创作中常被使用。“象天法地”虽是对天体或天文现象的模拟，但追根究底其所模拟的并非是天体参照物本身之形象，更多的是其所隐含的深层次的文化意义。在中国，无论是皇宫、庙宇，还是散布田间的住宅，都呈现出一种与自然和宇宙交流的图景，充满了与方向、节令、五行和星宿有关的象征意味。这种城市与建筑精神就是从先秦就有的“象天法地”的思想。《吴越春秋》中说，“相土，尝水，象天法地，造筑大城，周回四十七里。陆门八，以象天八风。水门八，以法地八聪”。这种“象天法地”并不是简单的模仿，而是儒家对天、地、人之间精神之源的认知。

三　建筑中的天文现象

在人类文明的进程中，古代建筑作为一种重要媒介发挥着文化传承功能。历史表明，不同时期的古人通常不惜财力、物力与人力，用最先进的科学技术来建造最重要的建筑，这些建筑往往成为后人了解古代社会、历史与科技成就的重要参考物。一些建筑在外部形态、空间方位、周围环境等方面与天体运行建立了多种联系：它们或与天体运行成对位关系，或反映天文历法成就，或从形态上与天体造型相一致。这些天文特征的出现，反映了古代建筑从一开始就遵从着自然规律，并蒙着一层宗教色彩，天文元素和宗教文化元素有机地集合于建筑，承担着天文观测、宗教祭祀等多种功能，使得这类建筑成为人类文明传承的载体。

1. 东方崇拜

人类最早认知和辨识的方向东、西，源于对太阳的崇拜，“东”是太阳获得重生的地方。至文明社会的早期，一些重要建筑如庙宇、宫殿、祭坛出现朝向东方的共性。在古埃及，由于太阳每日东升西落，“东方”成为生命的代名词，如同“西方”代表着死亡。同样，古巴比伦、古希腊也将“东方”看作新生命的复生地带，看作生命的轮回和再生的开始。

在中国，“东”是“春天”的象征，春天来了，万物复苏。古代有

“尊东卑西”之制，东岳泰山为五岳之首，五岳独尊，是古代民间山神崇拜、五行观念和帝王巡猎封禅相结合的产物。泰山曾是封建帝王仰天功之巍巍而封禅祭祀的地方，更是封建帝王受命于天、定鼎中原的象征。秦始皇即帝位的第三年就率文武大臣开始了千里东封泰山，看到了泰山壮阔雄浑的日出，于是东寻日出之地。泰山的正东方便是琅琊台，而琅琊是蚩尤时东夷之东极。《尚书·尧典》中载，天子要五年巡狩一次，以纪政要。因此，巡狩也是天子的一种职责，而后来则成了天子统治天下的象征。秦始皇自称帝第二年起，到他死之前的十年里，共巡狩天下五次。在这五次巡狩视察中，除第一次西巡和第四次北巡以外，其余三次均到过琅琊台，并派徐福东渡寻找长生不老之药，可见其对东方的崇拜和对永生的渴望。此外，琅琊台还是迄今已知的地面上遗址尚存的我国最早的天文台，既能看到大海日出，又能看到大地日落。

古埃及的金字塔全部位于尼罗河西岸，这与人们的生死观及信奉太阳神的宗教有关。太阳每日清晨从东方升起，代表着太阳神每日在东方复生，是这个世界生活的开始，到日落的时候，这一界生活已经结束。对于相信人死后会复生的古代埃及人来说，“东方”就是他们得以复活的生命地带，所以东方备受尊崇；相反，人们相信日落时太阳神死去，故“西方”为死亡地带，金字塔坐落于被认为是死亡地带的尼罗河西岸。对生的崇拜、对死的恐惧使人们产生了对“东”的无限崇拜，人们向往死后如太阳一样获得新生，于是加深了对新生地带——东方——的崇敬。每年的春分是古埃及重要的庆典节日，庆贺生命的轮回和再生的开始。因此，准确定位春、秋分是古代人进行重大活动和重要纪念日的必要保证。金字塔的入口在东方，象征着生命的轮回，狮身人面像面朝东方，沐浴清晨的第一缕阳光。

在古希腊，一座神庙便是一处“神圣处所”，而宗教崇拜雕塑便代表着神明的“在场”(presence)，人们需要在此处能够“感到”神明的在场并与之互动。古希腊的神庙绝大多数都坐西向东、面朝太阳升起的地方，日出时太阳高度角低，能够将光线射入建筑内部的宗教崇拜雕像。雅典卫城中的帕特农神庙为守护神雅典娜而建，面朝东方，能够让女神沐浴到清晨的第一缕阳光。神庙的建造充分考虑到这一建立在“感官”上的“互动需求”，在朝向与内部建筑结构上做文章来解决如何凸显雕塑这一问题：面向东方能高效地引入自然光，建筑的纵深布局强化了明暗对比，形成了类似“射灯”一样的光效，使其照在雕塑上来凸显神性。

2. 北方崇拜

在中国，“立竿测影”之法成功定位了“北”方，一年四季“日中之影”永远指向同一个方向，将其无限延长，就得到了贯穿南北的子午线，这条子午线成为时空宇宙的定位标准。人们还发现，所有的子午线总是指向同一方位的同一颗极亮的星辰，其千百年来在空中的位置几乎没有变动，日月星辰以之为中心旋转，北极星“万变不离其宗”的恒定位置令中国人将它与“天帝”联系起来，象征帝王位居中央，臣民们围绕帝王而旋转。中国古代帝王根据这个结构来修建自己的都城和宫殿，“法天设都”。秦朝的咸阳宫、阿房宫，汉朝的未央宫，唐朝的太极宫、大明宫、兴庆宫，以及明朝的紫禁城都是如此。这种对“帝星”的崇拜是古代建筑与“北”向建立联系的另一手段。

北极星是中国历代帝王仰慕已久的天帝之星，它的加入让人们对“北”向的崇拜急剧升温，这种现象也普遍存在于古埃及、古罗马、古印度等地。在中国，“北方崇拜”最终演变为“坐北朝南”。“坐北朝南”与北方恒定有很大关系，北方是北极星（紫微星）的位置，更是永恒不变的位置，坐定北方就保住了稳定，于是中国建筑的方位观定格为“坐北朝南”，并一直延续至今。

在古埃及，吉萨金字塔有一条纵贯南北的子午线，且十分精确，三座大金字塔成对角线排列，每座金字塔的四边对准了地理的东、西、南、北四个方向，其精确程度令后人惊讶不已。据考察，金字塔时代对子午线的定位有多种方法，其中“太阳定位法”和“恒星定位法”是最常用的。早在拿破仑大军进入埃及的时候，法国人就从胡夫金字塔的顶点引出一条正北方向的延长线，尼罗河三角洲据此被对等地分成两半。如果人们将那条假想中的线再继续向北延伸到北极，就会看到延长线只偏离北极的极点 6.5 公里。要是考虑到北极极点的位置在不断地变动这一实际情况，那就可以想象，很可能在当年建造胡夫金字塔的时候，那条延长线正好与北极极点相重合。此外，也有学者认为，金字塔在北面设置通向北极星的通道，是古代观察北极星的特殊方式，这些指向不同天体的墓道是帮助法老灵魂升天或与神沟通的通道。

在古罗马，万神庙是人膜拜众神的庙宇，其平面呈圆形，顶部大穹顶直径达 43.3 米，顶端高度 43.3 米，穹顶中央开 8.9 米直径的大圆洞，顶光照亮神庙内部，光柱伴随时间的推移转换位置，照亮神龛，强烈的明暗对比和时刻变换的光影让神庙显得宏伟壮观并带有神秘的宗教气氛。万神庙四周不设窗户，唯有北面开门，而这个门口正对应北极星方向，有学者据此推断万神庙或许有观察北极星的特殊作用。此外，在夏至日中午十一点左右光柱会直射万神庙入口，此时的来访者沐浴在阳光之下仿佛受到众神一样的礼遇，强烈的眩光让人产生置身天堂的幻觉，而此时亦被认为是参观万神庙的最佳时刻。

四 结 语

人类文明的起源和发展进程具有惊人的相似性和同一性，长期的观测和经验总结沉淀为科学的共识，这些共识特征普遍存在于人类各种文明中，包括天文学和建筑的发展在内。虽然人们在努力地认识天体、认识宇宙，但很多人已经不再相信天文学的说法了。尤其是现代天文学的发展使“东”向、“西”向、“分至日”方向不再神秘，建筑与天文学的关系也不再密不可分，建筑对于朝向和方位的追求也不再执着，“建筑”完成了向“建筑学”的华丽蜕变，发展成为一门独立学科，在技术和艺术的双重推动下，渐渐失去了原本深厚文化外衣的庇护。“建筑学”与“天文学”的学科分野使建筑丧失了人与宇宙之间的联系纽带作用，人和宇宙之间的联系已经被破坏了，一句“设计结合自然”似乎能涵盖现如今建筑与环境的所有关系。但是，请大家不要忘了，宇宙维度也是不可缺少和绝对必要的，人们还是怀着重归宇宙的愿望的。有一束光，穿越千年，照耀你我，它是源于精神世界的文明之光。

第二编　德国当代艺术

德国当代艺术的哲学问题[1]

孙周兴

今天报告的主题是德国当代艺术。我不准备讨论“当代艺术”的定义。众所周知，这个定义也是极难的。“当代艺术”跟“当代政治”“当代经济”不是在一个意义层面讲的。“当代艺术”一旦被界定被命名，大概就不再是当代艺术了。“当代艺术”永远在途中，永远是它尚未是、正在生成的东西。就此而言，“当代艺术”其实就是“未来艺术”。我曾经说过：未来才是哲思的准星。[2]对于艺术，我也愿意重复这个话。我们当然经常处于回忆、回顾、回溯当中，但靠回忆度日是衰老和衰弱的表现，对于个人如此，对于民族亦然。我们也没听说过孔子式的“克己复礼”有过成功的案例。今天在保护和恢复传统文化的名义下发动起来的“国学热”和“古典热”，难免让人产生这方面的疑虑和担忧。在这个老旧的问题上，我始终愿意重复鲁迅先生的一个主张（一个设问）：谁不

1　2017年5月17日下午以“技术时代艺术何为？——关于当代艺术的几个问题”为题在上海交通大学做的报告；2017年6月29日下午在中山大学以“德国当代艺术的哲学问题”为题重做一次。

2　参看拙文：《未来才是哲思的准星》，载《社会科学报》2017年6月8日。

知道保护传统呀？但头等的问题是：谁来保护我们？

在本次报告的“内容提要”中，我写下下面这段话：在现代技术加速发展背景下产生的当代艺术是如何应对技术世界的？当代艺术是技术的合谋者还是抵抗者？本次演讲将从艺术与神话、当代世界的物质研究、实存与自由、技术批判与同一性制度的反抗以及艺术哲学化等方面，讨论当代艺术及其未来可能性。

当我写这段话时，我对本讲座尚无具体的想法，只是记下了五个标题，依次是：一、神话的意义；二、物质的研究；三、实存的自由；四、抵抗的姿态；五、哲思的艺术。我大概属于典型的“标题党”，这些标题中每一个都是可以做书名的。但标题确实很重要，因为它有指引作用，它能把人引向某个方向。我们就服从这几个标题的指引吧，它们触及神话、物质、自由、抵抗和哲艺五大主题。我认为，这是当代艺术的五大主题。

一　神话的意义

我们生活在一个技术时代。技术时代是不讲神话的。中国进入技术工业时代还为时不久，记得我小时候，农村里没有电灯，没有公交，没有任何现代工业的设置，当时的人们还讲“神话”或“鬼话”，还信神弄鬼，还讲迷信，还把所谓“信迷信”[1]当作一件光荣的事，至少不是丢

1　在我老家，有许多乡民信了基督教，但也还有人信一种由道教、佛教和民间宗教混杂的东西，你若问他信什么的，答曰：信迷信的。

人的事。但最近三十几年，中国变了样，完成了技术工业的全面渗透，在农村的进展要慢些，但也渐渐进入现代文明了，神话和鬼怪的故事越来越稀罕了。这当然可以是一种进步，毕竟鬼气太重，就是蒙昧，自然不好。

现代文明与神话是格格不入的。或者说，现代文明本来就是人类摆脱神话之后的结果。我们通常把这种摆脱过程叫作“启蒙”。所谓启蒙运动是欧洲 17 至 18 世纪的思想解放运动，也是一场社会和政治的革命运动。“启蒙”(Aufklärung) 的本义是“光明”，这个光是理性之光，“启蒙”是要用理性之光来摆脱蒙昧和黑暗。著名的康德的启蒙定义就专门强调了这种摆脱：“启蒙就是人脱离咎由自取的童稚状态。童稚状态就是没有他人引导便无能于运用自己的理智。如果个中原因不在于缺乏理智，而在于缺乏决心和勇气，没有他人的引导就不敢运用理智，那么，这种童稚状态就是咎由自取的了。Sapere aude!(贺拉斯语)要有勇气运用你自己的理智！这就是启蒙的口号。”[1] 启蒙是一种号召，要号召人民勇于运用自己的理智，去摆脱蒙昧的童稚状态。所以，启蒙的意义也被叫作“祛魅”(Disenchantment)，这个词源于马克斯·韦伯所说的“世界的祛魅”。

启蒙与祛魅，这是现代性的凯旋。在科学乐观主义的兴盛期，比如 17、18 世纪，除了极少数怪胎，比如意大利的维柯、德国的哈曼，很少有人会质疑启蒙与祛魅的正当性。人们认为这是现代文明的基本成

1 康德：《回答这个问题：什么是启蒙？》，载《文集》第六卷，德文版，达姆施塔特，1983 年，第 53 页。

果。只是到了 19 世纪中期以后，也即从马克思开始，现代性已经修成正果，科学理性已经通过技术—工业占领了社会生活，形成了资本主义的生产—交换方式和商业体系，以及相应的生活方式。这时候，传统文化价值和价值秩序便受到了冲击，甚至被全面动摇了。马克思看到，这个商业—资本体系的建立也就意味着：旧价值等级的松动，传统秩序的崩溃，交换价值变成了唯一稳靠有效的价值。之后，尼采就干脆把这个事件表达为："上帝死了。"

所以，由启蒙而致祛魅，由祛魅而致"上帝之死"。"上帝之死"反过来让我们来反思启蒙现代性。霍克海姆和阿多诺在《启蒙辩证法》中论证了启蒙的逆转，即反神话的启蒙本身反而成了一种神话："启蒙运动试图把这个世界从神话和迷信的支配中解放出来，但这种努力已经陷入了一种致命的辩证法——启蒙本身返回了神话，助长了种种新的支配，这些支配由于声称得到理性本身的证明而显得更加阴险。"[1] 霍克海姆和阿多诺的启蒙理性批判含着对现代性的绝望，尤其是经历了连续两次世界大战之后，欧洲知识人终于发现，启蒙理性所许诺的福祉和幸福生活并没有到来。相反地，欧洲倒是迎来了文明的系统性崩溃，特别是法西斯极权主义带来的人道主义灾难。

在霍克海姆和阿多诺的启蒙辩证法之前，瓦格纳和尼采等已经发起了启蒙批判，但他们的批判策略却是完全不同的。霍克海姆和阿多诺认为，启蒙的失败在于自身成了神话，而瓦格纳则重申神话对于人类生活

1　詹姆斯·施密特编：《启蒙运动与现代性》，徐向东、卢华萍译，上海人民出版社，2005 年，第 20—21 页。

的意义，试图通过艺术重建神话，以此来对抗启蒙理性和技术文明。人世间处处有神话，没有神话的生活是无趣的，是意义匮乏的。神话是一种当下赋义行为。切莫以为瓦格纳的北欧神话只是在讲远古神明和妖魔鬼怪，比如瓦格纳在《尼伯龙族的指环》中讲的北欧神话。不是，瓦格纳是在讲今天的人类和人性，是在讲今天的生命和革命。尼采接受了瓦格纳的艺术神话理想，而更进一步试图赋予艺术（悲剧艺术）以一种形而上学性，即一种生命哲学的艺术神话。

阿多诺的哲思路径比较特殊。他大概不会简单地同意和主张瓦格纳—尼采的艺术神话，他甚至认为同一性哲学的批判还得通过哲学以及哲学语言的改造，比如通过所谓概念的“星丛”（constellation）来解构单一的概念—客体对应关系。这显然是要在哲学内部展开策反和抵抗。不过，当阿多诺进一步强调艺术，认为艺术的本质在于通过模仿揭示非同一的、碎片化的现实，作为“模仿 / 摹拟”（mimesis）的艺术有可能重建人与物、人与自然的亲密关系，以及艺术以否定的方式使乌托邦获得形式，因而具有救赎功能，这时候，我们可以想象，他的艺术哲学依然具有某种神话性指向。

就阿多诺把艺术看作一种社会抵抗方式而言，博伊斯可谓阿多诺的后继者，两者可以构成一个组合。阿多诺明言：只有通过抵抗社会，艺术才获得生命。不过，博伊斯背后的主要哲学形象并不是阿多诺，而是鲁道夫·施泰纳。施泰纳是一位实存主义者，又是一位神秘主义者。实存主义的最大标识是个体、自由、行动和创造。那么，实存的神秘主义，即行动和创造的神秘主义意味着什么呢？且来看看博伊斯的解说：

“神秘主义必须转变，并且在整体上融入自由人的当代自我意识中，进入到今天所有的讨论、所作所为和创造中……”[1] 博伊斯的这个说法显然又接通了瓦格纳的神话理想。

海德格尔比较少用“神话”（Mythos）概念，但他所思所言，屡屡触及了神话命题。当海德格尔区分存在者之存在的真理与存在本身的真理（Aletheia）时，当海德格尔后期讨论“天、地、神、人”之“四重整体”（Geviert）时，当海德格尔径直把“存在本身”命名为“神秘”（Geheimnis）时，他所思的其实就是“神话”。尤其是在后期海德格尔同样不无神秘的语言观中，“人言”（Sprechen）被区别于“道说”（Sage），而“诗”（Dichten）与“思”（Denken）被看作两种“道说”（Sagen）方式，即人突破“人话”的限制而应和“神话”的方式，这时候，海德格尔其实是想告诉我们：人话简单，难的是讲神话。值得一提的是，后期海德格尔所讲的“道说”（Sage）原义为“传说”，其实即“神话”。

当代艺术大师安瑟姆·基弗是讲神话的高手。他一方面讲着海德格尔式的现象学的神话，另一方面经常动用犹太神秘主义和古日耳曼的神话元素。当基弗说“我解除物质的外衣而使之神秘化”时，他想传达的是一个海德格尔式的信念：艺术是一种创建真理的行为，它以一种显—隐二重性的揭示方式进入神秘之域，完成显—隐二重性的存在之真理的澄明发生。就此而言，艺术使物质神秘化。

在20世纪的历史进程中，伴随技术工业的全球凯旋以及启蒙理性

1　哈兰：《什么是艺术？——博伊斯和学生的对话》，德文版，斯图加特，2011年，第87页；中译本，韩子仲译，商务印书馆，2017年，第146页。

的破败，神话的意义不断受到艺术与哲学两方面的确认，我们上面讲的三位艺术大师与三位哲学大师即可表明：祛魅与复魅构成当代世界的一大冲突。而种种迹象表明，神秘主义的当代形态更多的是艺术的神秘主义，是行动和创造的神秘主义。

对于神秘与神秘主义，我们要有平常心，不可惧怕也不可放纵，不可走向极端。我们时代的整体环境和氛围是非神话化和反神秘主义的，比如最近朱清时院士的一个关于中医“真气”的讲座引发巨大争议，批评的声音居多，被斥为“伪科学”。[1] 这是必然之事。在全面科学主义的时代和社会里主张神秘主义，或者哪怕是断言某种非科学的物事，是会有一定风险的。我自己采取的基本姿态是：我不信神，但相信神秘。所谓神秘，简单说就是生活和世界里的幽暗未明部分。

二　物质的研究

物质的研究是西方传统哲学的主题，也是西方传统艺术的任务。这一点与我们中国艺术文化传统大不一样，我们不太习惯于研究物质和物象，而更重视情调、意境和养身。仅就西方传统内部来说，哲学与艺术对于物和物质的探究也是有差别的，哲学研究物之根本，即所谓的 Arche，是本原，也是开始；而艺术，特别是造型艺术，则更多地仅仅停留在个别物象上。这正是柏拉图当年区分哲学与艺术、贬低艺术的

1　2017 年 6 月 10 日，中国科学院院士朱清时在北京中医药大学演讲《用身体观察真气和气脉》，一时受到广泛的关注。

理由。

在西方艺术内部，音乐和戏剧又是个例外，我们不能简单地说它们是研究物质的。音乐和戏剧是原始说唱文化的流传，要说研究，它们更多的是研究词语的。哈曼有妙论："最古老的语言是音乐，连同脉搏跳动和鼻腔呼吸的可感受的节奏，是一切速度及其数字比例的生动典范。最古老的文字是绘画和图画，它最早地关注了空间的经济学（Oekonomie）、通过形象对空间的范限和规定。"[1] 在哈曼看来，音乐作为最古老的语言，是"时间"的原型，而绘画作为最古老的文字，是"空间"的原型。与之对应的形式科学，则有算术与几何。康德认为两者是最基本的形式科学，而哈曼则认为两者不具本源性，而倒是衍生的和派生的，音乐与绘画才是本源性的，音乐研究词（节奏和时间），绘画（造型艺术）研究物（位置和空间），哈曼这种区分甚好。

词与物是人类意义世界的基本元素，或者说，是人类世界的基本的意义载体。我们说话，无论是人话还是神话，都联结为"词"；而我们在世界之中行动，交道与制作，都凝结为"物"——海德格尔因此把"物"解为"聚集"。在这个问题上，更为繁难的是词与物的关系。词与物孰先孰后就是一大问题。诗人格奥尔格的说法是：词语破碎处，无物存在。这都是往玄处说了，但却是说到了根本处。

当代艺术的真正开创者博伊斯声称自己做的是"物质研究"。他的

1　哈曼：《北方术士与精神的鲁莽》，迈叶契克编，波恩，1993年，第209页。此处所谓"经济学"是在希腊的οἰκονομία意义上讲的，比较广义，一般地意指操持和安排，如家庭管理、城邦治理等。

说法是："我要去研究物质，我的目的就是对物质进行阐述，基础性的，显然单单这个物质就构成了一个灵魂的过程。"[1]跳出视觉局限，转向物质研究，这本身就是在当代艺术中发生的一大转变。在博伊斯那里，这种物质研究具有通灵的或者神秘主义的意味。

另一位德国当代艺术家基弗更进一步，把物质研究视为自己的艺术的基本使命。在他的访谈录《艺术在没落中升起》中，基弗说他的艺术是对五大"基本元素"即"火、水、气、土、空"的探讨。我们知道，原初的哲学以"本原"探讨为己任，各大古老文明都有自己的本原哲学，古希腊的"四元素"即"水、火、气、土"，古代中国的"五元素"即"金、木、水、火、土"，古印度的"四元素"即"地、水、火、风"，叫法虽然不一样，实质上大同小异。现在，作为艺术家的基弗要探讨"五元素"，其中多出一个"空"，是他留给东亚文化传统的。基弗的对话者德穆兹认为，这个"空"是在佛教思想中起核心作用的空。"在日本哲学中，'空'(Ku)，即空虚，乃是第五个元素。'空'也是基弗艺术的一个核心元素，即世界与大地之间的'空'。"[2]以我们的理解，此所谓"空"，不光是佛学的，也是海德格尔在《艺术作品的本源》中揭示出来的"天—地"之间的世界境域。

当基弗要以艺术方式探究"基本元素"时，他当然不是要复古，不是要把艺术搞成古典存在学/本体论研究。而不如说，他是试图通过造型方式思考技术世界，比如基弗在《七重天宫》(2001—2008年)中

1 哈兰：《什么是艺术？——博伊斯和学生的对话》，德文版，第21页；中译本，第28页。
2 基弗：《艺术在没落中升起》，梅宁、孙周兴译，商务印书馆，2014年，第1页。

对铅的研究。这件作品在各楼层的混凝土之间动用了用铅做成的铅书，也就在流动的铅与坚固而脆弱的混凝土之间造成一种“质料的对立”（materia oppositorum），一种“对立面的相互叠合”（coincidentia oppositorum）。为什么要研究铅呢？基弗自己的解说是：“我总是对神秘合一（unio mystica）以及矛盾的东西很感兴趣。铅是一种液态的介质。只需一点点热量就可以把它们熔化，在350度的温度下，铅就变成液态了。铅还会游动。在其他材料中我没见过这种情况——一座房子的下面比上面更重（笑），也就是说，有某种东西游动了，变成液态的了。而且就我的塔而言，《七重天宫》所包含的游动观念是一种具有首创性的游动。这种首创性也表现在，塔的一些部件是用集装箱做的。集装箱是全球化的象征，是资本转变为某种流动的东西，转变为某种不再固定的，而是完全流动的、发生了形变的东西的象征。资本，也就是钱，是一种变化的介质。它总是变化着。当我换取某个东西时，资本就借助于钱而发生变化了。”[1] 基弗这里所做的，是艺术探究当代物质世界的一个典型案例。

当代艺术开展的物质研究，其动机是这样一道难题：艺术如何面对技术世界？我们生活的世界已经是一个技术化的世界，在这个世界里，物的变异已经让我们远离了自然的生活世界。今天的生活世界里的物可分三种：自然物、手工物与技术物。自然物与手工物曾经是自然的生活世界的主体；而如今，自然物和手工物已经退场了，千篇一律的技术物

1　基弗：《艺术在没落中升起》，第52—53页。

已经占据了统治地位。我们必须注意到其中的差别：自然物和手工物是具体的、有差异或者有个性的；而技术物则是抽象的、无差异或者无个性的。在这样一种物的切换中，在技术物占支配地位的时代里，我们的经验和感知都被重塑了，被重新格式化了，在某种意义上是被悬搁了，处于无法落地的“空转状态”中。

海德格尔后期一直在思索一个问题：如何让抽象的技术物/技术对象回归生活世界？他提出的这个策略显得有点无奈，是对于物的“泰然任之”（Gelassenheit），意思就是 let be。但我想，这个 let be 不是听之任之，也不是放纵自己，而是想唤起一种“不要”（Nicht-wollen）的能力，我们已经太习惯于“要”（Wollen）了，我们已经不会“不要”了，而正是这种不断地、无止境地“要”的主体性，已经让人类处于尼采所谓的“颓废”状态、一种“要不了”的无力状态中。人这一端的弦松下来，物（技术物）才可能回归生活世界，成为我们生活世界里的可感可触的有意义的物或者有意义的载体。

最近有一个视频设想了“地球无人模式”，如果人类瞬间全都消失，地球会发生什么？据预测，人类消失后几个小时内灯都会熄灭，三天后地铁都会被水淹没，十天后宠物都会死去，一个月后核电站会爆炸，核冬天到来，25 年后道路和广场重新被植被占领，300 年后大部分房屋都不再存在，500 年后大自然重新主宰地球，一万年后人类存在的证据全都消失，等等。这个视频当然是假设的，但揭示了一个真相：哪怕到了技术时代，自然本身的力量真的要比人力强大，只不过，它现在被技术工业的庞然大物压抑了。

三　实存的自由

实存（existence）问题与“本质”（essence）问题相关。西方传统形而上学的主流被称为“本质主义”，“本质”即“共相”（idea），即“普遍之物”。回头想，“本质主义”哲学和科学的产生是极为自然和正常的。只有普遍之物才可能是不变的、恒定的、必然的，个体和殊相是流变的、不稳定的、偶然的。那么，知识（Episteme）的目标就只可能是不变的和必然的共相。这正是最早的哲学即柏拉图哲学的起源和主张。

柏拉图的弟子亚里士多德就开始批评他老师的相论/理念论了。分明我们看到个别和个体，分明我们结结实实地遭遇到具体的这个那个事物，我们怎能说它们是不真的和不值的呢？没道理呀。但亚里士多德到底只做了一个折中：让我们从个体出发达到共相和普遍。亚里士多德认为关键在于语言表达。我们一说就会说到普遍，我们的语言是公共语言，它是有规则的和普遍性的。亚氏甚至认为，我们是靠着“十大范畴”说话的，我们之所以能描述某个个体的种种状态，正是因为有“十大范畴”。后来的康德也认为，我们之所以能构成自然科学的普遍规律，是因为我们有“十二个范畴”。好比我们说“太阳晒热了石头”，这样一个简单的知识陈述中就隐含着“因果性”范畴。无论是亚里士多德还是康德，他们的哲学虽然都有经验论的起点，但最后都落实于形式范畴论，所以，他们其实都还是所谓的“柏拉图主义者”即“本质主义者”。

在现代形而上学批判运动中，尼采和海德格尔都把传统形而上学的主流称为“柏拉图主义”。尼采甚至认为西方文化的另一个传统即基督教文化也是一种“柏拉图主义”。我愿意采纳此说。但在19世纪中期以后，另一股哲学即实存哲学（所谓“存在主义”）暗流渐成气候，对抗本质主义的主流文化传统。关于实存哲学，我曾经做过五项规定。

其一，实存哲学是“个体论”。它指向个体，是一种个体性的思考，或者可以说是从个体性出发的思考。但这并不意味着，实存哲学并不谋求普遍的、共同的意义。个体性的思考如若不求普遍意义，那将是无效的，而且会是荒谬的。此在（Dasein）指向个体实存，但当海德格尔说此在（Dasein）的本质是“实存”时，他说的是：个体性的此在的普遍意义（形式意义）表现在“实存结构”中。

其二，实存哲学是“实现论”。它关乎个体的生成、实现、展开、运动及其依据，因此不仅包括雅斯贝尔斯、海德格尔等现代实存主义者，甚至西方哲学史上的亚里士多德、奥古斯丁、帕斯卡尔等也可归于“实存哲学”路线。只不过，这条思想路线在西方思想史上处于隐蔽的潜伏状态，一直都未成气候，直到20世纪才显山露水，成就大业。

其三，实存哲学是“潜能论”。它强调个体存在的丰富可能性，强调个体朝向将来的开放和自由，从而也强调个体存在的动态的实行特征。可能性高于现实性。现实性是单一的、现成的，而可能性则是丰富的、未来的。

其四，实存哲学是“超验—神性论”。实存哲学因为要寻求个体实存的理由和根据，只好采纳类似于因果说明式的哲学和科学论证，最后只好承认有一个终极因、自因之因。就此而言，实存哲学总归是一种“超验的”（transzendent）思考。

其五，实存哲学是“形而上学”。无论是在题域上还是在方法上，实存哲学与存在学/本体论都有相互交织、不可拆分的关系，一道构成西方—欧洲形而上学传统的两大思想方式。这两大思想方式无处不在，是我们追问、判断、理论的基本样式，也是我们人类的生活倾向和性格特征的集中表达。[1]

回到我们的主题——当代艺术——上来。我要说的是，“实存哲学”说到底就是一种艺术哲学。这意思有两项：其一，“实存哲学”是当代艺术的思想基础，它对主流哲学文化传统（本质主义、同一性思维）的批判为当代艺术的产生提供了观念前提；其二，“实存哲学”本身具有艺术性，指示着艺术的未来性，因为“实存哲学”对此在可能性之维的开拓和个体自由行动的强调，本身就已经具有创造性或者艺术性的指向。

博伊斯全面开展他的当代艺术实践之际，正是欧洲学生运动风起云涌之时，而欧洲学生运动在很大程度上可以被视为“实存哲学”的社会呈现。虽然影响欧洲学生运动的因素是多重的，但在观念面上，所谓“存在主义”（我们所说的“实存哲学”）构成了它的主要理论主张和根本推动力。当代艺术是实存哲学/实存主义思潮的一部分。

作为博伊斯艺术的思想背景的施泰纳的人智学，在我看来根本就是一种“实存哲学”。人智学强调个体自由和创造性转化，人智学关于生

1　参看孙周兴：《一只革命的手》，商务印书馆，2017年，第152—154页。

命领域和生命结构的理解，重点在于肉体与精神、内与外、自我与世界（自然）的相互介入和转化，也包括个体—社会—宇宙三者之间的相互联通和相互影响。具有神秘主义倾向的人智学始终把行动、创造放在第一位。正是人智学的实存哲学要素构成了博伊斯的艺术理想。每个创造性的个体都应该得到自由发展，这种人性思想在博伊斯那儿落实为“人人都是艺术家”。同理，只有艺术的社会才可能是人性的社会，这种对创造和艺术能量的肯定导向了他的“社会雕塑”之说。

实存哲学的根本问题是个体自由，即个体如何实现自己，如何发挥创造性潜能。我们看到，在“实存自由”这个哲学命题下，当代艺术坚守了现代实存主义（存在主义）哲学的基本出发点和思想成果，开拓出一条通过创造克服普遍同质和平庸，从而维护个体自由的艺术—政治道路。

四　抵抗的姿态

当代艺术是技术工业和技术文明的帮凶，还是一种抵抗？这是一个十分难解的问题。我的基本看法是：当代艺术是一种“抵抗”，面对现代技术工业和同一性文化/社会制度，当代艺术采取了一种“抵抗”姿态，这种姿态依然具有实存主义的倾向，而且也在20世纪下半叶的欧洲社会运动中得到了表现，也将在未来人类生活中延续下去。

瓦格纳的艺术神话就已经是一种对工业文明的抵抗，虽然当时的科技、工业和商业与今天的状况根本不可同日而语。尼采对科学乐观主义和启蒙理性的批判，同样摆出了势不两立的姿态，他对苏格拉底主义或后来讲的柏拉图主义的攻击，可以用得上“仇恨”两字。就瓦格纳和尼采而言，这种抵抗总体上表现为尖锐的、情绪性的、非此即彼的二元对抗。

海德格尔的抵抗姿态有所不同。海德格尔在前期实存哲学中就已经试图在方法上建立一种“还原—建构—解构”一体的现象学态度，他前期对“存在学历史的解构”、后期对形而上学历史的整体批判，都显示了态度上的公正和务实。所谓“解构”不是一味破坏和毁坏，而是对源始意义的历史性居有。海德格尔后期对艺术的思考赋予艺术以“开天辟地”的文化创造和建构的意义，而同时又以艺术应合于存在之真理的二重性运动，在非主体主义或者后主体主义立场上重思艺术创作和艺术家的位置。艺术具有本源性与非主体性，是真理发生的基本方式，科学和技术虽然也是一种解蔽方式，但它是衍生的或派生的方式。艺术比科学更具本源性，也更能让我们接近事物。

阿多诺则明确主张艺术的抵抗作用。“否定”在他那里成为基本的思想策略。现实是非同一的，是碎片的、充满矛盾和悖论的，所以才需要否定的辩证法。艺术是否定的、批判性的，艺术通过模仿揭示碎片化的现实。艺术具有救赎功能，以否定的方式使乌托邦获得形式。当阿多诺说艺术具有否定的、批判性的作用时，我们可以认为，他是赋予艺术以哲学的意义了，或者说把艺术哲学化了。“抵抗”成了艺术的本质。艺术的抵抗姿态是对同一性哲学和同一性制度的反抗。

没有迹象表明博伊斯与阿多诺有过实质性的精神交流和相互影响，

但我仍旧愿意认为，他们两人之间有着共同的思想旨趣和倾向。博伊斯在姿态上更趋积极高调，在他那里，艺术不只是抵抗，而是成了重塑和改造社会的力量。

基弗曾经跟对话者德穆兹讨论过“抵抗”。德穆兹说，对策兰来说，完美诗歌要证明自己的身份，只有通过自己的“正确性”，通过“对我们的抵抗的描绘”。基弗接着说：“对我来说，这种抵抗就在于：我们在无意义状态中继续进行。”[1]基弗在此把“抵抗”的含义扩展了：对无意义的抵抗、对消解的抵抗、前进时的抵抗和回行时的抵抗、对败坏了的词语用法的抵抗、对自我的抵抗、对自我满足感的抵抗，等等。基弗显然意识到了“抵抗”的普遍意义：人生处处有抵抗，人生处处要抵抗。

抵抗固然是一种消极姿态，但消极未必负面，负面也未必负面。当我们启动抵抗时，我们可能是要进行积极有为的革命。抵抗就是革命。诗人里尔克有诗云：有何胜利可言，挺住就是一切！他这话同样道出了“抵抗”的意义。

五　哲思的艺术

上面的讨论涉及六大人物：瓦格纳、尼采、海德格尔、阿多诺、博伊斯、基弗，他们是德国现代史上的三大哲人和三大艺术家。我意欲何为呀？我一直在译介、讨论尼采和海德格尔两位大哲，如今加上一大哲

1　基弗：《艺术在没落中升起》，第243页。

人阿多诺，又牵扯出三大艺人，瓦格纳、博伊斯和基弗，这是要干什么呀？这里仿佛是两组配对物：瓦格纳与尼采、阿多诺与博伊斯、海德格尔与基弗。但其中的关系却大不一样。我们知道，尼采称自己与瓦格纳构成"对跖"关系，就是说，两人处于对立两极，但若失一极则另一极也无法成立。阿多诺与博伊斯虽然未见交互影响，但两者有着共同的定向，也有一些共同的主张——尽管博伊斯的哲学背景更多的是鲁道夫·施泰纳的人智学。思想家海德格尔与艺术家基弗之间则大不同，后者只是前者的追随者，当基弗开始展示自己的艺术作品，走向当代艺术前台时，海德格尔已经去世了。

有一点值得我们注意：无论是19世纪的尼采与瓦格纳，还是20世纪的阿多诺与博伊斯、海德格尔与基弗，相互之间都有一个艺术与哲学的关系问题。两个世纪之间，艺术—哲学格局大变，意味无限，而再造神话的动因未变，构成从瓦格纳和尼采到阿多诺和博伊斯再到海德格尔和基弗的一条隐秘路线。

这条路线上的思想家和艺术家关于艺术形成了何种新观点？这是一道难题，但我想可以强调三点：一、神秘性。虽然上述六位艺术—哲学人物并非每一位都公开主张神秘主义，但他们显然都出于启蒙理性批判的动因，以神话抵抗理性，以复魅纠正过度祛魅，在思想倾向上都偏于存在和世界的神秘与幽暗一面，从而构成一种抵抗技术工业的文化努力。二、真理性。上述六位艺术—哲学人物中，大概只有阿多诺和海德格尔创建了一种"真理美学"，但他们都坚持认为，艺术比科学更真，更具本源性意义，就此而言他们都具有关于艺术—真理性的主张。三、创造性。这条路线上的思想家和艺术家都具有实存主义（存在主义）的哲学立场和创造动机，意在以个体自由行动和创造的力量抵御本质主义和普遍主义的同一性观念和同一性制度。

特别是通过第二次世界大战之后当代艺术的演进，艺术的疆域被大大地拓展了。传统艺术所依赖的材料固然还在被使用，但由工业技术提供出来的新材料不断涌现，成为新艺术的创作媒介。同时，与此相应地，艺术家身份被重新确认，或者说成为有待确认的东西。艺术与哲学的界限被破除了。在欧洲历史上，艺术与哲学构成一对基本的文化矛盾，决定着时代文化的总体形势。而两者界限的消解意味着一种新文化类型的产生。艺术与哲学都进入一种后历史的文化处境里。哲学的终结与艺术的终结结伴而生。而如果说有一种或者多种新的思想类型正在酝酿或者产生中，那么，它或它们必定是艺术性的思想类型（哲学艺术化）。同样地，统治文化史 2 500 年的哲学和宗教的文化形式趋于衰落之后，艺术的力量正在勃兴中，而这种艺术必定是哲思的艺术，是哲学化的艺术。我们认为，在当代艺术中已经完成了艺术哲学化与哲学艺术化的双向重构。[1]

这种正在勃兴中的哲学化艺术总是与政治结盟，总是有着政治的诉求或者说政治的动因。在人类文化主题中，代替传统的哲学与宗教，艺术与政治正在成为我们时代决定性的命题和课题。艺术，我们所说的当代艺术，正是对现代民主制度体系及其后果的一个修正：不可避免地民

1 有关此点，可参看拙文：《哲学与艺术关系的重构——海德格尔与当代德国文化变局》，载孙周兴：《以创造抵御平庸》（增订本），商务印书馆，2019 年。

主制度也带来了同质化和平庸化的难题，而艺术的使命在于以创造抵御平庸——这是当代艺术的新神话么?

在技术统治的新文明形势下，我们需要确认20世纪以来人类文化语境中发生的艺术与哲学之关系的重构的文化意蕴，进而展开关于未来艺术、未来哲学的思考，甚至关于未来人类生活的预感和探测。于此我们不妨重复博伊斯的意味深长的一句话：世界的未来是人类的一件艺术作品。

六　结　语

让我们来做个总结。本次演讲主要围绕艺术与神话、当代世界的物质研究、实存与自由、技术批判与同一性制度的反抗、艺术哲学化等五大主题，讨论当代艺术及其未来可能性，重点厘清德国当代艺术的基本特征、根本动因和哲学基础。

在“神话”问题上，我们看到的是现代艺术和当代艺术呼应现代哲学中的启蒙理性批判运动，通过造型方式和手段构造出当代的艺术神话，这个艺术神话理想从19世纪后期的瓦格纳和尼采开始，一直延续至第二次世界大战以后的当代艺术家博伊斯和基弗那里；在“物质研究”这个主题上，我们讨论当代艺术家们如何接过传统哲学的基本任务，开展当代生活世界和物体系的研究，从事“本原”意义上的“基本元素”的探讨；在“实存与自由”命题下，我们处理的是当代艺术如何坚守现代实存主义（存在主义）哲学的基本出发点和思想成果，开拓出一条通过创造克服普遍同质和平庸，从而维护个体自由的艺术—政治道路；与此相关的是当代艺术面对现代技术工业和同一性文化 / 社会制度所采取的“抵抗”姿态，这种姿态依然具有实存主义（存在主义）的倾向，而且也在 20 世纪下半叶的欧洲社会运动中得到了表现；最后，我们讨论了当代艺术的“哲学化”趋势的意义，试图揭示在 20 世纪以来的人类文化语境中发生的艺术与哲学之关系的重构的文化意蕴。

这是在以德国为主体的当代艺术中发生的深度变化和转换。不理解这些，我们大概是无法真正深入所谓的“当代艺术”的。

德国当代艺术的孵化地

张锜玮

近年来，德国艺术在国际上备受关注，中德两国的艺术交流也日趋频繁。2015年由德国文化部策划、鲁尔区九大美术馆联合打造的大型中国当代艺术展览《中国8》触发了中德两国艺术之间更深入的对话交流。两年后，与之相呼应的艺术展览《德国8》在北京成功举办，它将德国艺术全面地展示给中国观众。在彼此深入了解的同时，不禁引人深思：为何德国艺术在近、当代的国际影响力如此之大？虽然经历了两次世界大战、“冷战”和两德统一等诸多历史洪流的冲击，日耳曼民族在探索艺术可能性的道路上却从未停滞不前，力求在变革中寻求新的契机。追本溯源，我们不能忽视德国艺术高校的艺术教育给德国艺术家带来的深远影响。本文将以德国北威州的三所艺术学院为例，介绍和梳理一下德国高校艺术教学的由来、机构设置和教学理念。19世纪上半叶建立的杜塞尔多夫艺术学院历史悠久，它的教学模式影响了整个德国高校艺术教育。曾经作为杜塞尔多夫艺术学院分校的明斯特造型艺术学院，在独立之后是如何创立了别出心裁的教学模式，而拒绝墨守成规的？2013年新建的埃森造型艺术学院是我目前就职的艺术学院，它在就业辅导和多元化合作方面有何长处？在不同的语境下每个国家、每所学院势必有各自的教学侧重点，分担着不同的社会责任。艺术学院的建立是软实力的体现，是文化复兴和再进化的本源。本文可以让我们更为客观、深入地了解德国高校艺术教学的优劣所在。

讲题的德译文中我使用了（Aus）brüten这个词，在德语中，Ausbrüten和Brüten都有孵化的含义，但其中却有区别，Ausbrüten强调的是孵化的结果，Brüten则偏重于孵化的过程。艺术学院设立的初衷是培养新一代有创造力的和具备革命潜质的艺术家，但这个教育过程是否真正地起到了推波助澜的作用？德语Bildung和英语building都代表了一个有效的培养过程，词义上接近，但Bildung是一种“精神构建”，building则为“物理构建”，由此可见，思想之启蒙与塑造的环节是德国艺术教育体系的重中之重。

在开始这个话题之前，我想引用一句在芝加哥艺术学院执教的艺术史学家詹姆斯·埃尔金斯（James Elkins）的话：“我的观点是，艺术是不能被教导的。因为老师并不完全清楚何时才是传授重要信息的准确时刻。同样，学生们也不知道他们何时应该听取这些信息。”[1]在他看来，艺术是不能被教授的，而且在它的信息传播上有着不可控的问题。因此，在艺术学院的教学中存在着一个“盲点”，在教师与学生沟通的交汇点上仍会出现误区，即一种擦肩而过、失之交臂的状态。

1 James Elkins，“Why Art Cannot be Taught. A Handbook for Art Students”，Champaign（IL），2001.

接下来我介绍的是德国北威州三大艺术学院，不是要回答艺术是否可以在那里教授的问题。相反，重点在于问题的积极转变，以及去认知和发现这些学校的教学实践中实际发生了些什么。其中隐含的关键问题可能是：为什么要在那里教艺术？

历史洪流

1563年，在乔尔乔·瓦萨里（Giorgio Vasari）的影响下，科西莫·迪·乔凡尼·德·美第奇（Cosimo di Giovanni de' Medici）在佛罗伦萨建立了欧洲第一所艺术学院——迪亚诺学院（今意大利佛罗伦萨美术学院）(Accademia delle Arti del Disegno)，瓦萨里使disegno（意大利文"disegno"一词同时包含"设计"和"素描"两层意思："创造性思维与智力活动"以及实现这种创造性活动的"技术和构图"）作为一种元学科凌驾于绘画、雕塑和建筑之上。而在实践和概念层面，他们实行了工作坊形式的教学模式，以大师手稿/图纸为原型制作作品成为了一种与客户沟通的方式。同时，学院建立了一个图书馆和资料库，里面保存着学院成员的素描、样稿和建筑规划图，供研究之用，这个想法也源于瓦萨里。[1] 后文中也会提及图书馆系统在德国艺术学院起到的重要作用。

在不久之后的16世纪末期，艺术家费德里科·祖卡里（Federico Zuccari）在罗马建立了圣路加学院（Accademia di San Luca）。作为学院创始人之一，他认为能将disegno掌握得驾轻就熟的艺术家才称得上

1 Carl Goldstein, *Teaching Art. Academies and Schools from Vasari to Albers*, Cambridge University Press, 1996, 10–29.

是有天赋的（ingenium），换言之，一个没有天赋的艺术家是没有观念和灵魂的。而如果将视线再次拉回德国，著名的阿尔布雷希特·丢勒（Albrecht Dürer）在1500年创作的自画像中将自己装扮成耶稣的化身（这可能是对效法基督［Imitatio Christi］的解释），集神性和天赋于一身。在1974年的美国，摄影师汉斯·纳穆特（Hans Namuth）镜头中的博伊斯身着裘皮大衣，装束近似丢勒，正视着观众，好像在自我诠释："我"即是神的传承，任重道远，"我"改变的是当下艺术世界的格局。博伊斯现象也使得杜塞尔多夫艺术学院至今都在全球享有盛誉。

杜塞尔多夫艺术学院

杜塞尔多夫艺术学院是全球最知名的艺术学府之一。人们很容易在那些涉及学院历史的出版物、杂志、报纸和网站中浏览到一些关于其师资、年度展及其全球声誉的文字，这很快就会让人深刻地意识到，在那里，在那个巨大堡垒式建筑体后面隐藏了从19世纪后期开始的现代和当代艺术世界的奥秘：艺术的自由和自治，艺术个体的魅力，对天才的崇拜，市场经济的成功和秉承的传统。只有百分之十的年轻人在提交了作品集后能被录取入学，他们中的大多数人先会选择绘画专业作为起点。杜塞尔多夫艺术学院始建于1773年，19世纪时的院长威廉·冯·沙多（Wilhelm von Schadow）建立了学生和老师合作的工作室制教学，其灵感来源于拿撒勒运动（Nazarene movement），中世纪时期的学徒和大师间无缝对接（拿撒勒运动的目的是以基督教的教义和精神更新艺术，将古老的意大利和德国艺术大师作为榜样，这个运动影响了整个浪漫主义艺术)。[1] 而艺术学院构建的体制主要分为两种形式，一类为工作室制（Atelier-Klassensystem），另一种是课程制（Kurssystem，如包豪斯体制［Bauhaussystem］）。课程制侧重于学科的平均化教学，学生会获得每位教授的知识传授（必修课），综合地建立起自己的知识体系。而工作室制更提倡一个教授与学生之间长期的磨合和探讨，其中当然不乏学生过于模仿教授作品的现象（不仅仅在中国），磨合期间的关键组成部分便是研讨会（Kolloquium），学生在学习怎么去理性化自己的创作过程、护卫自己作品的同时，接受批判。理论课程则为选修型，和实践理念类似，艺术史和艺术学的研究需要不断的反思和批判。美国理论家詹姆逊（Fredric Jameson）认为，应该把文化研究看作一项促成历史大联合的事业，而不是理论性地将它视为某种新学科的规划图。他特别强调，文化研究的崛起是“出于对其他学科的不满，针对的不仅是这些学科的内容，也是这些学科的局限性”，在这个意义上他指出，文化研究成了“后学科”(Postdisziplinarität)。

杜塞尔多夫艺术学院开设的学科有自由艺术、绘画、雕刻艺术、综合造型艺术、建筑艺术、舞台设计、摄像学、艺术历史学、教育学、哲学、造型艺术的教育理论、艺术美学等。

自 21 世纪以来，由于科技和社会的变化，艺术学院及其毕业生面临多重挑战，因此对全球化和数字化引发的现象做出回应是必要的。此外，高等教育机构面临博洛尼亚改革以及欧洲范围内向学士和硕士系统

1　Kunstakademie Düsseldorf，*Die Geschichte der Kunstakademie Düsseldorf seit 1945*，Deutscher Kunstverlag，2014.

的过渡。[1]当时学院的校长马库斯·吕佩尔兹（Markus Lüpertz）教授成功地维护了学院的自由立场以防止标准化和统一化的趋势，他更专注于让艺术生能够借助一种理想的教育模式而自由地发展。吕佩尔兹领导了该学院20年，2009年，英国雕塑家托尼·克拉格（Tony Cragg）接替了他。4年后，美国土生土长的丽塔·麦克布赖德（Rita McBride）获得了这个职位。虽然学院历经了多次变革，但它的宗旨始终未变。为何要在那里教艺术？我们可以引用吕佩尔兹的一句话："我们最重要的任务是吸引学生进入艺术的氛围，让他们在那里自由地呼吸。"我相信历届的校长都会认同这样的看法。

明斯特造型艺术学院

明斯特造型艺术学院成立于1971年，1986年之前学院为杜塞尔多夫艺术学院威斯法伦州分院，自1987年起学院成为了独立的艺术学院。学院设有硕士和博士学位，其中硕士由自由艺术和艺术教育2个专业组成，艺术教育旨在培养具有高校教育水准的、对接小学和中学的艺术教师。自由艺术专业包含绘画、雕塑、摄影、影像、装置、表演、行为、公共艺术、多媒体等方向。理论课的可选课程丰富多样，是德国境内课程设置最多最全面的学院，格尔特·布鲁姆（Gerd Blum）教授主管的艺术史部学术覆盖面广，课程与时俱进，从对古典艺术的叙述到对当代艺

1 2011年冬季学期，杜塞尔多夫艺术学院开始实行博洛尼亚进程式（Bologna Process）的本硕连读，只涉及总学生数中20%的艺术教育学学生，自由艺术专业依旧遵循德式硕士（Akademiebrief/Diplom）标准。明斯特造型艺术学院和慕尼黑艺术学院均遵循此标准。

术的解答都有着独到见解。他提出了艺术指南针（Kunstkompass）概念，艺术、艺术家、艺术品、策展人/收藏家这四位一体的机制就发生在艺术学院中，这是孵化地最为核心的组成部分，环环相扣，相辅相成。理论和图书馆不可分离，明斯特图书馆由艺术学院、设计学院和建筑学院共享，藏书95 000册，近50 000册为艺术书籍，此外配有远程借书系统，2至3天即可借阅全德境内的任何藏书，全面地保证了知识的共享。每年冬季学期期末，学院都会举办大型的校展，吸引了德国乃至世界范围内的观者，其中不乏收藏家、策展人、画廊主。这是展示自己一年创作的成果展，是一个从院内至院外的重要过渡平台。此外，每周二举行的大型讲座是学院的一大亮点，世界知名的艺术家、学者和策展人会受邀参加，讲座也对普通市民开放，经常座无虚席。学生由此得到了最新的知识更新和近距离的互动机会。尤其令人感触深切的是，听众的批判性很强，经常会激烈地争论，场面非常火爆。此外学院提供大量奖学金项目、艺术家驻留、海外考察、学术交流项目，给学生的成长带来了巨大的帮助。

埃森造型艺术学院

埃森造型艺术学院坐落于风景如画的巴尔德内（Baldeney）湖边，2013年由现任校长斯蒂芬·施奈德（Stephan Schneider）建立的学院设有雕塑/材料、摄影/多媒体和绘画/版画三个科系。作为鲁尔区唯一一所艺术学院，学院在稳健地成长，2019年将会设立产品设计、多媒体设计和游戏设计三个新学科。教学方式类同于杜塞尔多夫和明斯特，也是跨学科式的。除了各自重点的实践培训外，还设有关于艺术管理和艺术市场的课程。学生在毕业后作为艺术家会面临很严峻的就业问题，存活率为3%。这个数据可能缺乏科学依据，但是“艺术家”作为一种职业就其自身而言本就很难谋生，故德国称艺术家为brotlos（没有面包的，即无经济来源的）。在开学典礼上，校长都会告诫学生。埃森造型艺术学院在学生就读阶段就提供多方面的指导和帮助，如展览的参与、跨界的合作、项目制的培训，学生一方面有了实践经验，另一方面在就读期间，还可以利用已有的职业培训找到一份较好的工作来资助自己的学业，对未来的定向和自信度的提高将会有很大的帮助。学生在校内掌握的知识和技能是相对有限的，所以和校外的机构、公司合作成了一种出路，以便学生寻找更多学习和展示的平台。例如，学院每年都会和雷诺汽车公司合作，参与汽车的外形和车漆的设计，并设立奖项。对于纯艺术而言，展览的参与是学生成长的要素。自建校以来，学院多次与美术馆、艺术机构合作，举办师生展，培养更多具有国际水准的艺术家。埃森造型艺术学院也是我执教的学院，对于我来说，与年轻学生进行对话是引人入胜的。在这个陪伴过程中，制定问题、发现问题，一起观察、实验和反思，有助于帮助他们找到自己的形式语言和创作思路。通过创造一种自由和承载可能性的空间来促进他们的发展，结合传统选择性地施教，通过项目的参与与实施、理论知识的扶植，以此形成一种综合多元的教学模式。我希望培养出的学生能创造规则，而不是单纯地学习规则。

工作坊

德国艺术学院与世界上大多的院校不同，在工作坊的功能性方面也有所区别。最初我们会被误导，认为这里应是获取手工艺、材料技能、实用精度之所，但从纯艺术的角度来看，所有艺术工作坊的导师均有自由艺术教育背景，因此也是艺术家，他们并没有纯粹的技法教育背景。作为重要创作媒介的工作坊是以个性定制为首，技术辅助其次。显然，具有强大功能性的工作坊和坊主自身即为艺术家的搭配（例如，最近以来工作坊在议会中的话语权有了显著提升）给学生带来了很多的便利。与此同时，坊主也更能领会学生的意图，所谓“教学相长”。学校的资金很大部分用于工作坊，学生在一些大型作品的开支上会减负不少。艺术院校艺术教育的独特之处在于工作室和工作坊的这种无缝对接，这是两个不可分割的、具有交互关系的载体。但技术不应是最后的成品或是目的，而是一个通往批判和成功实施想法的途径。

总　结

人类需要美，至少从普适价值上来说，否则他们将缺失自己的一部分，因此艺术家对社会至关重要。我们的社会依赖于那些将批判的、独立的思想，以及美学和真实的价值观置于经济成功之上的人，“艺术”将继续作为庇护所和实验室，同时以“参与者”和“旁观者”的身份介入社会的两极分化中。德国艺术秉承了这些精神，所获得的成功和关注度是这种精神坚持下去的动力。我认为，艺术从某种程度上来讲的确不能被教授，但在艺术史学习和灵感自我挖掘方面却有其必要性。每个学生都富有个性的姿态、动力和天赋去理解艺术，但学生有义务去学习艺术史，从过往的艺术家那里借鉴些什么，这是自我定位的一个必要前提。我尝试以“奶妈”的方式提供一个潜力挖掘的平台。一个称职的教授，应该开发、引导和发扬学生的特长，而不是专权地教学，天赋是可以挖掘的，但绝不能被埋没。在艺术探索中需不断地质疑和反思，将传统作为基石，勾画未来蓝图，艺术生承载着这个使命。但任何坚石都有其不可见的一面，以至于我们从未见识过它完整的容貌，艺术学院需要成为那个翻转它的人，这也是我的使命所在。

德意志联邦共和国艺术史的第三条书写路径：形式分析与图像学的综合

格尔特·布鲁姆（Gerd Blum）

戴思羽　译

德意志联邦共和国（BRD）成立于1949年。在德意志联邦共和国，“艺术史”这门学术性专业内部所爆发的有关方法论的核心争论不是由那些在国际上享有盛名的艺术家引起的。这些德意志联邦共和国艺术家自20世纪60年代起，以19世纪的德国历史为主题，尤其以纳粹恐怖统治时期的那段德国历史为主题，运用自主的艺术媒介进行创作：在60年代，乔治·巴塞列茨（Georg Baselitz）、约瑟夫·博伊斯（Josef Beuys）、安瑟姆·基弗（Anselm Kiefer）、马库斯·吕佩尔兹（Markus Lüpertz）、格哈德·里希特（Gerhard Richter）开始一面以德国经历的特殊历史创伤为主题，一面又采用介于“无具形”（Informel）和“极简艺术”（Minimal Art）之间（巴黎与纽约之间）[1] 的西方“形式主义”的

1　无具形艺术最早起源于20世纪四五十年代的巴黎；极简艺术则兴起于20世纪60年代初的美国。——译者注

现代主义造型表现方式。同时，他们又将自己的艺术创作与（至少是所谓的）德国特有的源自浪漫主义和表现主义的风格元素联系在一起。在此，我想到了里希特最早期的现实主义油画上所呈现出来的“无具形的”笔触关联（Pinselzüge），里希特将这些现实主义油画收入了他的作品目录中。我也想到了吕尔佩兹的系列立方体，它们被冠以“散兵坑”的名称，同时又引用了极简艺术。上述提到的几位艺术家属于“老”德意志联邦共和国（1949—1989 年）中最著名的，且也在中国接受最广的艺术家。[1]20 世纪 80 年代，本文所要重点讨论的三位艺术史学家马克思·伊姆达尔（Max Imdahl）、沃尔夫冈·肯普（Wolfgang Kemp）、菲力克斯·图勒曼（Felix Thürlemann）放弃了以往艺术史学家对现代艺术所持的传统的缄默态度，独具一格地出现在仍处于“波恩共和国”[2]时期的大学艺术史学科话语和争论中，却不曾出版过有关上述艺术家的专题著作，或仅仅只是在其出版著作中略微提到了他们。

德意志联邦共和国艺术史专业内部所爆发的有关方法论的争论大体上主要围绕欧洲中世纪、文艺复兴时期以及近代早期的作品展开。这些作品往往创作于意大利，它们不仅是德国艺术史专业的典范[3]，而且也是世界范围内艺术史专业的典范。在眼下这篇文章中，我将介绍三种综合

1 参看埃德加·沃尔夫鲁姆（Edgar Wolfrum）:《成功的民主：德意志联邦共和国自开端至今的历史》，斯图加特，2006 年。

2 自 1949 至 1990 年，波恩是德意志联邦共和国的首都。波恩共和国（Bonner Republik）这一名称也由此得来。——译者注

3 指艺术史专业研究的典范作品。“典范”（Kanon）一词在下文出现时也被译为规范、经典。——译者注

性的方法，它们分别由上述提到的三位艺术史学家在20世纪80年代的德意志联邦共和国大学中发展起来。这三种新的艺术史方法针对德语艺术史专业所特有的两大完全对立的传统：一个是形式主义（风格历史）的传统，另一个是以内容为导向、基于理念史的图像学传统。这篇文章所要重点介绍的这三种方法旨在建立一种将形式分析与意义研究/图像学综合起来的方法。它们分别是马克思·伊姆达尔的“Ikonik”[图像学][1]；肯普的艺术史叙事研究和对由多个部分组成的图像全体所进行的超越个别图像的、跨图像的“类型学”研究；以及图勒曼的有关图像符号学的研究，即有关叙事图像的符号学/意义理论分析。

通过自主的艺术媒介来表现历史，是这三种20世纪八九十年代德意志联邦共和国大学艺术科学以及“艺术史”专业核心新方法的主题。这和上述提到的几位当代艺术家通过形式意识（formbewußt）来表现历史的创作方式具有结构上的相似性。伊姆达尔、肯普和图勒曼这三位艺术史学家分别在波鸿、马堡和康斯坦茨试验一种形式分析/风格历史和图像学相综合，亦即两种方法上的范式相综合的方法。在20世纪早期，形式分析/风格历史和图像学这两种艺术史方法在魏玛共和国[2]被完全分

1　“Ikonik”作为一种艺术史研究方法由马克思·伊姆达尔提出。这里将“Ikonik”译为“图像学”，由此产生的最大缺陷是，从字面上来看，它完全无法与潘诺夫斯基的“图像学”（Ikonologie）区分开来，而实际上伊姆达尔提出“Ikonik”的一大动机来源于对潘诺夫斯基的“图像学”的批判以及补充（对此，本文作者会在介绍伊姆达尔的部分做详细的阐述）。因此，为了区分伊姆达尔的方法和潘诺夫斯基的图像学方法，本篇文章中所出现的“Ikonik”全部保留了德语原文。——译者注

2　魏玛共和国（1918—1933年）于第一次世界大战后成立，因希特勒上台执政而结束。——译者注

离和对峙起来阐述，从而形成了两种方法范式。这三位教授从西方经典艺术中所谓的历史画（即包含多个人物形象的事件画［Ereignisbild］，以流传下来的文学故事为题材表现多个人物形象的绘画）出发，立足于历史表现，发展了他们各自的方法。对此，每年出版论坛论文集的康斯坦茨“诗学和阐释学”（Poetik und Hermeneutik）论坛（1963 至 1994 年期间举办）成为又一个广为接受的论坛。伊姆达尔（生于 1925 年）参与该论坛多年；在其召开的最后几年，肯普（与图勒曼同为 1946 年出生）也参与了该论坛。

在此，我不得不提到韦尔纳·霍夫曼（Werner Hofmann）。霍夫曼曾担任汉堡艺术博物馆馆长多年，他生于维也纳，属于所谓的维也纳艺术史学派。在汉堡艺术博物馆举办的一个著名系列展览中，霍夫曼质询特奥多尔·黑策[1]提出的“1800 年左右的艺术危机”以来造型艺术中图像叙事和历史表现的新形式。他描述了在马奈和塞尚的现代主义之前的那个世纪中艺术碎片化与自我矛盾的新形式。[2]而倘若不是对 1910 年以后的先锋派艺术以及战后艺术的碎片化和去构图（Dekomposition）现象进

1 特奥多尔·黑策（Theodor Hetzer，1890—1946 年），德国艺术史学家。——译者注

2 通过 www.kubikat.org 这一有关艺术史专著以及论文的书目搜索引擎，我们可以很好地了解到有关霍夫曼以及所有在此提到的艺术史学家所发表的研究成果的概要信息。这一书目搜索引擎是德意志联邦共和国在佛罗伦萨、慕尼黑、巴黎和罗马所设立的大学之外的艺术史研究机构的一个数字化联合图书目录。本文中提到的某些艺术史学家所撰写的著作全文可免费通过以下网站获取：http：//www.arthistoricum.net/。韦尔纳·霍夫曼将现代艺术史与传统艺术史进行对比，对现代艺术史展开了一番集中的探讨，参看韦尔纳·霍夫曼：《现代的回眸：艺术史之主要路径》，慕尼黑，1998 年。

行了大量形式策略上的研究，霍夫曼是不可能对从戈雅[1]到德加[2]的图像叙事中所表现出来的内容与形式间的矛盾做出清楚而明确的分析的。

本文将重点讨论艺术史学家伊姆达尔、肯普和图勒曼于20世纪60年代末至80年代在一个分裂的国土上（德意志联邦共和国对峙德意志民主共和国，资本主义对峙共产主义）所出版的有关综合性方法的著作。霍夫曼以及这三位艺术史学家的出发点都是艺术史这门学术性学科所特有的“分裂性”（Schisma，图勒曼语）——形式分析/风格历史和图像学之间的对立。这成为魏玛共和国时期艺术史专业的一大特征。最晚至1945年，也就是在纳粹恐怖统治结束、同盟军解放纳粹德国时，这一分裂才又多了一层政治内涵，形式分析与反现代的、保守甚至反动的，同时也是纳粹的立场以及纳粹宣传者勾连在一起。德意志国[3]的宣传部长、纳粹首脑约瑟夫·戈培尔（Joseph Goebbels）禁止“艺术批评”，要求“艺术描述”，而马丁·瓦恩克（Martin Warnke）则于1970年揭露了德意志联邦共和国主要艺术史学家在看似客观而中立的艺术史描述中所隐藏的有关意识形态的暗示。这一点我们之后再来讨论。与形式分析相反，图像学和图像志则与流亡、移民以及排斥联系在一起（阿比·瓦尔堡的文化科学图书馆和欧文·潘诺夫斯基皆被迫离开德国），因而也收获了国际性的成就：潘诺夫斯基现在[4]任教于普林斯顿大学，其他移民

1　弗朗西斯科·何塞·德·戈雅-卢西恩特斯（Francisco José de Goya y Lucientes，1746—1828年），西班牙画家。——译者注

2　爱德加·德加（Edgar Degas，1834—1917年），法国印象派画家。——译者注

3　德意志国（Deutsches Reich）通常指1871至1945年期间德国的正式国名。——译者注

4　指本文写作时。——译者注

的学者至少对20世纪五六十年代西欧和美国的艺术史专业产生了决定性的影响。1970年，第12届德国艺术史学家日（包括“介于科学和世界观之间的艺术作品”这一讨论单元）在科隆举行，在这之后，图像志和图像学也逐渐被贴上了“左翼”“1968”的政治标签。

在眼下这篇讲述历史的文章中，我不是要对“新”“老”德意志联邦共和国[1]艺术史的历史做一个概述，而仅仅将目光放在有关德意志联邦共和国大学的艺术史方法论研究上面。这些有关艺术史方法论的研究以造型元素的自主、艺术要素的（至少是部分的）自律以及（造型的、通过艺术性的方式所创造的）形式为主题，但它们也不是一味地追求形式主义或者风格历史，而是同时又以图像内容、图像志，尤其是图像的叙事方式为主题。本篇文章的标题所指出的三位作者在80年代结合艺术史个案调研与方法论研究，发展了一种形式分析与内容分析（即图像志、图像学）相综合的方法。在此，我也不是要讨论那种同样基于社会政治的新的艺术史撰写方法，后者于1968年以后在德意志联邦共和国发展起来，在总体上提出了自我批评与社会批评的双重要求。对于“六八一代”[2]对“批评的艺术史”所提出的这种双重要求，托尔斯滕·施耐德（Thorsten Schneider）将在他正处于撰写阶段的博士论文中进行阐述。[3]我之所以选择介绍伊姆达尔、肯普和图勒曼的方法，是因为它们代表了

1 新德意志联邦共和国指重新统一后的德国。新德意志联邦共和国与老德意志联邦共和国大致以1990年两德统一为界。——译者注

2 指曾经参与过发生于20世纪60年代并于1968年达到高潮的西方学生运动的那一代人。——译者注

3 托尔斯滕·施奈德的博士研究计划《1970年“批评性的艺术史”是什么？——艺术史话语分析》正在撰写中（吕纳堡大学）。

艺术史撰写的第三条路径，这第三条路径旨在在“极端的世纪”中达到一种综合与平衡。在德国艺术史学史上，20世纪是一个极端的世纪，这种极端体现为“极为自主的形式”和“受文化史决定的一般象征”之间所形成的对峙。

与之相对，本文所要讨论的不是德语艺术史撰写中那些文化史的方法，它们——以渊博的学识为基础，往往颇具成效——将艺术的历史置于宏大叙事以及广大的社会史语境之中。本文也不考虑那种历史批评性的、一定程度上基于语言学的经典著作以及挖掘原始资料和进行来源批判的文集（Corpora）。这些文集一方面通过极其严格的原始资料研究，另一方面通过内行的风格批评，大大丰富了我们对于特定的作品全集以及个别艺术作品的认识。在此，我想到了米歇尔·维克多·施瓦茨（Michael Viktor Schwarz）、皮亚·泰斯（Pia Theis）的乔托文集，克劳蒂娅·埃辛格-毛拉赫（Claudia Echinger-Maurach）的两部有关米开朗琪罗的尤里乌斯陵墓纪念碑的专题著作，汉诺-瓦尔特·克鲁夫特（Hanno-Walter Kruft）的《建筑理论史》，拉斐尔·罗森伯格（Raphael Rosenberg）的有关米开朗琪罗雕塑诠注的临摹（Nachzeichnung）以及有关抽象史前史（Vorgeschichte）的专题著作。我也想到了最新完成的、由亚历山德罗·诺瓦（Alessandro Nova）和位于佛罗伦萨的马克斯·普朗克艺术史研究所团队共同编撰出版的瓦萨里《名人传》新译本和评论（2004—2015年），以及类似的有关贝洛里[1]和山德

1　乔瓦尼·彼得罗·贝洛里（Giovanni Pietro Bellori，1613—1696年），意大利古物研究者、艺术学家、艺术理论家。——译者注

拉特[1]等的项目。

从温克尔曼到瓦尔堡（包括瑞士、奥地利以及曾经的奥匈帝国的艺术史学家，人们在此可以想到维也纳艺术史学派），他们用德语所撰写的有关艺术史研究和艺术史方法论的著作在国际上被视为经典范本。除了这一事实之外，那些历史批评性的基础著作，也许也成为顶尖大学比如哈佛大学和耶鲁大学“总是”要求艺术史博士生具备德语能力的一个重要原因。不过这也和方法创新有关，正如本文将要讨论的三位作家（在没有研究团队和研究中心的情况下）在这方面所做出的贡献。这三位作家是传统的、可能面临消失的经典艺术史学家的化身，是传统的、可能面临消失的“拥有大学授课资格和教授席位，面向整个学科的教授”[2]的化身。

一 类比（Analogie）与自主（Autonomie）是两大艺术史写作模式的前提：瓦萨里和温克尔曼

乔尔乔·瓦萨里的艺术家传记集《名人传》被视为近代西方艺术史

---

1 约阿希姆·冯·山德拉特（Joachim von Sandrart，1606—1688年），德国画家、艺术史学家。——译者注

2 沃尔夫冈·肯普：《一次特殊的相遇》，载《研究与教学2019》第1册，第28页。德语原文为“Typus Ordinarius mit einer Venia（Lehrbefugnis）für sein Fach als Ganzes”。按照作者的解释，在近20年里，大学艺术史学科内出现一个发展趋势：德国、奥地利、美国等地区的艺术史教授不再以所有的艺术类别以及所有时代的艺术，而只以个别艺术类型和个别时代的艺术为教学对象。他们的教学活动只涉及艺术史学科的部分领域，而不是整个艺术史学科。——译者注

撰写的奠基之作，它是第一部专门研究艺术理论和艺术史的纸质书籍。在瓦萨里之后就没有哪位作者再像他一样，如此深刻地影响了西方世界对于艺术以及艺术家的理解。“整个艺术史就是对瓦萨里的注脚。”[1]罗伯特·威廉姆斯（Robert Williams）的这句名言由伯特兰·罗素对柏拉图所下的著名论断改编而来，它表明，1550年首次印刷出版、1568年获得再版的《由契马布埃至1567年最优秀的意大利画家、雕刻家、建筑师的生平》是近代西方艺术史写作的范本。朱利斯·冯·施洛塞尔（Julius von Schlosser）认为，“瓦萨里……在所有的意义上，无论在褒义还是贬义上，都是新艺术史的教父和始祖”[2]。

在欧洲，艺术史这门学术性专业较早地，也可以说首先在德国建立。对此，瓦萨里的《名人传》发挥了尤为巨大的作用。因为当艺术史在德国开始形成为一门学术性专业之时，斯图加特科塔（Cotta）出版社经过漫长的翻译准备，已在1832至1849年期间出版了瓦萨里《名人传》第二版几近全部文本的德译本。在出版瓦萨里的《名人传》之前，科塔出版社在1827至1830年期间出版了《歌德著作：完整的最后审定版》。直到前不久，也就是2015年上文提到的瓦萨里《名人传》最新德译本出版之前，除了由巴罗基和贝塔里尼编撰出版的《名人传》意大利语版的历史评论本以外，由科塔出版社出版的这部《名人传》的重印本

1　罗伯特·威廉姆斯:《文森佐·博基尼和瓦萨里的“生平”》，安阿伯，1989年（普林斯顿大学1988年哲学博士论文），第1页。

2　朱利斯·冯·施洛塞尔:《艺术文献——新艺术史史源学手册》，维也纳，1924年，第293页。至今看来，这本著作对此主题所进行的介绍仍属最佳，它是一本不可或缺的手册。

曾是德国艺术史学家不可或缺的研究工具。[1] 在《名人传》中，瓦萨里和他的合著者们不仅为德语艺术史学史，而且为世界范围内的学术性艺术史学史建立了两大影响深远的艺术史撰写模式：类比模式和自主模式。前者成为图像学和图像志的基础，后者则成为形式主义和风格历史的基础。

一方面，从瓦萨里开始，艺术的历史就被理解为**对自开端以来的世界历史与人类历史的宏大叙事的类比**：瓦萨里认为，艺术的历史与《圣经》的救赎史以及奥古斯丁和教父的历史神学具有相似性。[2]

另一方面，瓦萨里却也（最早自老普林尼[3] 开始，随后是洛伦佐·吉贝尔蒂[4]）把艺术的历史描述为一个**自主的过程**，它遵循模仿能力以及特

---

1 乔尔乔·瓦萨里：《由契马布埃至1567年最优秀的意大利画家、雕刻家、建筑师的生平》，路德维希·肖恩、恩斯特·弗尔斯特编，斯图加特/图宾根，1832至1849年（艾德琳·塞贝克不是一名翻译家，却完成了对整部著作或者说绝大部分内容的翻译）；尤里安·克里曼新编，共6卷，沃尔姆斯，1983年。参看乔尔乔·瓦萨里：《1550至1568年间最优秀的意大利画家、雕刻家、建筑师的生平》，罗萨娜·贝塔里尼、保拉·巴罗基编，共6卷，佛罗伦萨，1966至1988年。

2 参看格尔特·布鲁姆：《乔尔乔·瓦萨里：文艺复兴的开创者——一部传记》，慕尼黑，2011年；格尔特·布鲁姆：《瓦萨里〈名人传〉(1550年版）中的历史神学：作为“大叙事”和图像系统的艺术史》，载大卫·甘茨、菲力克斯·图勒曼编：《复数的图像：从中世纪至今由多部分组成的图像形式》(图像与图像），柏林，2010年，第271—288页。（此文的中译见格尔特·布鲁姆：《瓦萨里〈名人传〉(1550年版）中的历史神学：作为“大叙事”和图像系统的艺术史》，孔洁珊、姜俊译，载范景中、曹意强、刘赦主编：《美术史与观念史》，第15卷，南京师范大学出版社，2014年，第104—123页。——译者注）

3 老普林尼（Plinius der Ältere，约23/24—79年），原名盖乌斯·普林尼·塞孔都斯（Gaius Plinius Secundus），常被称为老普林尼，是一位古罗马作家、博物馆学者。——译者注

4 洛伦佐·吉贝尔蒂（Lorenzo Ghiberti，1381—1455年），意大利文艺复兴初期著名雕塑家。——译者注

殊艺术媒介“发展”[1]与进步的自身规律。[2]瓦萨里和他的合著者们将自律发展的风格历史理解为艺术模仿完善化以及造型（Formgebung）完善化的历史，并将其规范化。瓦萨里撰写了第一部有关自主的、与人类手工制作物和文化技术相对的姊妹艺术——绘画、建筑和雕塑——的历史。在当代语境中，用哈贝马斯和鲁曼[3]的话说，这是近现代文化在全面自主的子系统（Subsystem）中“区分化”（Ausdifferenzierung）的标志之一。对瓦萨里来说，模仿的完善化以及形式意识的“手法”（Maniera）的完善化在他所处的那个时代的艺术中达到了一个无可超越的巅峰。瓦萨里这位“avant la lettre”[超前于他所处时代]的艺术家、艺术史学家在社会观念上所抱有的目标即是使“构图创作”（arti del disegno，画图和设计意义上的素描艺术）的自律（也就是自主）成为人类活动和“劳作”（industria）的一个独立领域（同时，瓦萨里将他的新的艺术史与老的《圣经》救赎史进行类比，从而证明这一目标的合法性）。

约翰·约阿希姆·温克尔曼（1717—1768年）通常被称为现代德语艺术史学史以及“古典考古学”的奠基者。尽管温克尔曼对瓦萨里传记式的艺术史写作有过明确的批评，但他还是继承了瓦萨里对历史的

1　拉斐尔·罗森伯格：《从技术进步到视看的历史：发展作为艺术史学史的范式》，载托马斯·迈森、芭芭拉·米德勒、皮埃尔·莫奈编：《论社会科学与人文科学中与暂时性的交道》，波鸿，即出。

2　参看汉斯·贝尔廷：《艺术史终结了吗？》，慕尼黑，1983年；《瓦萨里及其遗产：艺术史作为一个过程？》，载汉斯·贝尔廷：《艺术史终结了吗？》，克里斯多夫·伍德译，芝加哥，1987年。另参看汉斯·贝尔廷：《艺术史的终结：十年后的修正本》，慕尼黑，1995年。

3　尼可拉斯·鲁曼（Niklas Luhmann，1927—1998年），德国当代社会学家、社会理论家。——译者注

建构，即将历史理解为逐渐自我完善的形式规律性地自我发展与进步的历史。温克尔曼在《古代艺术史》中将艺术的历史描述为风格时代（Stilepoche）的历史，描述为直至希腊古典时期和希腊化时期的形式发展完善化的历史。在此，温克尔曼看似对“艺术的历史”[1]（取代艺术家的历史）提出了新的要求，其实仍然遵循着瓦萨里有关模仿能力以及艺术形式在风格发展阶段（Stilstufe）中所取得的“优美”（Grazia）与完善化的目的论的、命定的同时也是自主进步的历史模式。在这一意义上，温克尔曼遵循了自主模式。但温克尔曼也强调希腊的身体文化和希腊城邦即古代“城邦”（Polis）中的自由，并将其作为希腊古典艺术完成的基础，从而也继承了类比模式。温克尔曼将艺术的历史理解为在由他对古希腊艺术所划定的连续发展的时代风格中风格和形式完全规律性的，而且是有着本己规律的（即自主的）完善化的历史，从而拓展了瓦萨里有关风格自律发展的模式（从现代观点来看，风格的发展在瓦萨里那里依次经历了前文艺复兴时期、早期文艺复兴时期以及文艺复兴盛期）。同时，温克尔曼并未涉及瓦萨里从救赎史角度对风格历史所做的基础论证。[2]

二　1870—1933年：形式主义艺术史/风格史以及与内容相关的图像志/图像学艺术史的规范化

温克尔曼将形式和风格理解成艺术作品独一无二的特质，尤其是它

1　约翰·约阿希姆·温克尔曼：《古代艺术史》，德累斯顿，1764年；达姆斯达特，1993年，第295页。

2　有关温克尔曼的最新研究，参看马丁·迪塞尔·坎普、福斯托·特斯塔编：《温克尔曼手册——生平、作品、影响》，斯图加特，2017年。

理想化的、古典的特质，他将这种理想化的、古典的特质描述为影响深远的“单纯的高贵和静穆的伟大”。温克尔曼认为，形式和风格是真正艺术的可能性条件。在19世纪晚期，两位艺术理论家继承并发展了温克尔曼的这一范式，并对后世产生了巨大的影响，他们是康拉德·菲德勒（Conrad Fiedler）和阿道夫·希尔德勃兰特（Adolf von Hildebrand）。菲德勒和希尔德勃兰特不是艺术史学家，而是哲学家；菲德勒靠财产生活（Privatier）[1]，希尔德勃兰特则是一位成功的雕塑家。菲德勒试图论证，艺术的起源和重要性在于不仅仅有所模仿而且还有所解释的、风格化的手的表达活动以及通过艺术性之手所塑造的、所解释的形式。菲德勒和希尔德勃兰特皆在与艺术家汉斯·冯·马雷斯（Hans von Marées）的对话中发展了他们的观点。艺术史学家海因里希·沃尔夫林（Heinrich Wölfflin）——一位世界上大概影响最深远的、最著名的通过形式分析和风格史来描述艺术史的作者——通过菲德勒和希尔德勃兰特对马雷斯的研究，也从马雷斯那里获得了重要的启发。沃尔夫林曾深刻地影响了威廉时期[2]和魏玛共和国时期德国的艺术史专业，他将马雷斯、菲德勒和希尔德勃兰特的思想转用到文艺复兴时期和巴洛克时期艺术史的撰写当中，并将其作为形式主义和风格历史加以规范化。[3]沃尔夫林追求有关艺

1　菲德勒家境殷实，早年放弃律师工作后全身心投入艺术研究当中。——译者注

2　通常指德意志国1890至1918年的这段历史时期。——译者注

3　参看格尔特·布鲁姆:《汉斯·冯·马雷斯：介于神话与现代之间的自传式绘画》，柏林/慕尼黑，2005年，尤其参看其中的第一章“自菲德勒起对对象的不信任”。最新的相关研究参看伊冯·利维:《早期形式主义对内容的压制：沃尔夫林有关汉斯·冯·马雷斯及其现代同性恋的古典绘画的讨论》，载汉斯·奥恩哈默尔、雷金·普兰格编:《有关形式的问题》，柏林，2016年，第71—85页。

术作品造型（Gestalt）和风格的形式描述，在这种形式描述中，他尽可能不去管作品的内容，尽可能忽略作品的对象和主题。

作为一名简明扼要地描述形式构图和线条运动的大师，沃尔夫林将马雷斯有关物体抽象的方法也用在对艺术作品的描述中，他系统而坚定地将其运用到文艺复兴时期和巴洛克时期的诸多大师作品之上。借助“艺术史的基本概念”，沃尔夫林不仅尝试系统地分析文艺复兴时期与巴洛克时期绘画和建筑的不同特点，而且尝试理解一种规律性的发展，一种形式塑造从老的态势（Modi）到新的态势的规律性的、历史性的发展，一种风格的规律性的、历史性的发展。

“一战”爆发后的第二年，沃尔夫林在慕尼黑出版了其有关艺术史基本概念的代表作。至少根据瓦恩克的分析，沃尔夫林凭借这部代表作中冷静的分析有意与帝国中诸多教授的战争热情保持了距离。[1]但是在“二战”之后，沃尔夫林对许多人来说失去了政治上的信誉，尤其当他对纳粹主义表现出好感，并且受到纳粹艺术宣传积极的评价时。[2]然而，无可争议的是，沃尔夫林将有关造型（Formung）和形式的精确感知中所蕴含的鉴赏性（kennerschaftlich）文化从一个前概念的实践层次提高到了一个表达清晰、术语固定、描述性的概念水平。沃尔夫林意在艺术分析和艺术史，同时他也怀有艺术宗教的动机，怀有一种对救赎的渴望（Erlösungshoffnung），这一点可以从他对汉斯·冯·马雷斯于1891

1 马丁·瓦恩克：《关于瓦尔堡的圈子：瓦尔堡和沃尔夫林》，载霍斯特·布雷德坎普等编：《阿比·瓦尔堡》，魏恩海姆，1991年，第79—86页。

2 伊冯·利维：《巴洛克和形式主义的政治语言（1845—1945）——伯克哈特、沃尔夫林、古利特、布林克曼、泽德尔迈尔》，巴塞尔，2015年。

年举办的展览中的作品所做的评论中获得证明："如果人们在作品面前停留更长的时间，那么无疑将注意到，这一干扰（即结构上的歪曲）在人物形象开始形成时所产生的独特影响下逐渐消失；在图像中存在一种触及灵魂的力量，这一力量是如此巨大，以致人们忘记了之前的差错。据说，这就仿佛人们听到了美妙而静穆的音乐，谁经历了这样的一个瞬间，谁就可能获得一种预感，即艺术中的一种最高精神在此获得了追求……"[1] 人们完全可以在后来的马克思·伊姆达尔那里继续观察到这样一种艺术宗教动机所带来的影响。

沃尔夫林来自瑞士，他相继就职于柏林（自 1901 年起）、慕尼黑（自 1912 年起）以及苏黎世（自 1924 年起）。沃尔夫林逝世于 1945 年。就在这一年，以内容为导向的图像志与图像学研究中心在汉堡成立。阿比·瓦尔堡曾在一位熟知汉斯·冯·马雷斯的艺术史学家胡伯特·詹尼谢克（Hubert Janitschek）那里攻读博士学位，因而他完全注意到了文艺复兴时期以及近代早期艺术中综合的、象征的、往往源自古代异教内容的艺术造型。瓦尔堡试图通过例如"激情程式"（Pathosformel）[2] "创造性的力场"（schöpferische Kraftfelder）[3] 的隐喻来把握表现性的形式化和风格化所产生的情感效果（以及艺术上的持续影响），这种表现性的形式

1　海因里希·沃尔夫林：《汉斯·冯·马雷斯》，载约瑟夫·甘特纳编：《短文集：1886 至 1933 年》，巴塞尔，1946 年，第 75—83 页。

2　参看乌尔里希·波尔特：《激情程式——悲剧和激情史（1755—1886）》，慕尼黑，2005 年；马库斯·安德鲁·胡迪格：《激动的古代：阿比·瓦尔堡与激情程式的诞生》，科隆，2012 年。

3　阿比·瓦尔堡：《瓦尔堡文化科学图书馆日记》，卡伦·米歇尔斯、夏洛特·舍尔–格拉斯编，柏林，2001 年，第 307 页。

化和风格化体现在比如古希腊和古罗马的女神（Nymphe）浮雕、后来的阿戈斯蒂诺·迪·杜乔（Agostino di Duccio）[1]所创作的女神浮雕以及文艺复兴时期源于古代图像宝库的总的形式引文（Formzitat）之中。瓦尔堡与一小队工作人员一起建立了瓦尔堡文化科学图书馆。瓦尔堡文化科学图书馆凭借丰富的藏书成为促进图像学和图像志（潘诺夫斯基）以及准则化（Kodifizierung）发展的一个重要平台。1929年瓦尔堡逝世之后，瓦尔堡文化科学图书馆继续正常运转。1933年，在纳粹政府成立之前，瓦尔堡文化科学图书馆被迁至伦敦而得以幸存下来，瓦尔堡著名的、于他死后才出版的《记忆女神图集》(*Mnemosyne Altas*）的图版也收藏于伦敦。就在这一年，库尔特·福斯特（Kurt W. Forster）献给瓦尔堡一部新的专题著作，这部专题著作主要介绍了瓦尔堡对于文化史的“宏大叙事”所做的研究。[2]

哲学家保罗·卡西尔（Paul Cassirer）——一位海德格尔的反对者——同样也在汉堡从事研究。卡西尔与瓦尔堡、潘诺夫斯基有着密切的交流。潘诺夫斯基在他的文章如《作为象征形式的透视法》中开始研究卡西尔在《象征形式的哲学》中所提出的理论。

潘诺夫斯基在一篇1931年撰写、而后在美国缩短篇幅、继而在国际上获得极为广泛传播的文章中将图像学/图像志这一方法论的核心思想规范化和准则化。这篇文章最早以“论有关造型艺术作品的描述和内容

---

1 阿戈斯蒂诺·迪·杜乔（1418—1481年），意大利文艺复兴时期雕塑家。——译者注

2 库尔特·福斯特：《瓦尔堡的文化科学——投向图像深渊的目光》，柏林，2018年。受到较少重视的有关瓦尔堡著作的概述和分析参看佩蒂塔·罗施：《阿比·瓦尔堡》，帕德博恩，2010年。

阐释的问题”为标题出版。在1937年和1957年出版的英文版中，潘诺夫斯基对这篇文章进行了修改。后来，这篇经修改的英文文章又以“图像志和图像学：文艺复兴时期艺术导论”为题被译回德文，从1975年起多次以德文印刷出版。[1]潘诺夫斯基将作品的分析过程描述为三个步骤。他遵循建立已久的源自中世纪圣经诠注的“多层次的文字意义”的范式——但丁·阿利基耶里（Dante Alighieri）曾在写给坎德兰德·斯卡利格尔（Cangrande Scaliger）的一封著名信件中建议对他的作品进行诠释，将图像意义区分为三个层面（“前图像志”“图像志”“图像学”）。继艺术社会学家卡尔·曼海姆（Karl Mannheim）之后，伊雷妮·舒茨（Irene Schütze）强调，潘诺夫斯基首先分析的不是艺术作品，而是艺术史学家的专业活动，潘诺夫斯基把艺术史学家的专业活动称为“描述和内容阐释”。[2]在这篇可能传播最广的有关艺术史方法论的文章中，潘诺夫斯基将他1931年那篇文章中详加讨论的艺术哲学观点加工成一种简短扼要的、以实践为导向的方法，一种既基于理论研究又是实用主义的方法论模式。他定义了工作步骤和修正原则，将其方法体系具体展现在一个清楚明了的列表之中。在这篇文章开头的几句话中，潘诺夫斯基就

1　欧文·潘诺夫斯基：《造型艺术中的意义和阐释（视觉艺术中的意义）》，引自英文版，威廉·霍克译，科隆，1975年，第36—67页。关于潘诺夫斯基这篇涉及方法论的文章的不同版本以及马克思·伊姆达对这些版本的读解可参看基础性的研究——菲力克斯·图勒曼：《图像志、图像学、Ikonik［图像学］：马克思·伊姆达尔阅读欧文·潘诺夫斯基》，载克劳斯·萨克斯-霍姆巴赫编：《图像理论：图像转折的人类学基础以及文化基础》，2009年，第214—234页。

2　参看伊雷妮·舒茨：《一层一层：论欧文·潘诺夫斯基和卡尔·曼海姆对图像意义结构的建构》，载马蒂亚斯·鲍尔、法比纳·利皮泰、苏珊娜·马沙尔编：《艺术与认知》，帕德博恩，2008年，第197—214页。

已将矛头指向了沃尔夫林，他明确地将图像学视作形式主义的对立面。在有关形式和风格的分析中，图像学和形式主义不是处于一种互补关系中，而是处于一种相互排斥的关系中。

潘诺夫斯基将“图像志”定义为“艺术史的分支”，它致力于研究“与形式相对的主题（图像对象）”，从而暗示了对沃尔夫林的批判：沃尔夫林忽视了图像所具有的文学的、象征的以及精神历史的内容。因此，我们在潘诺夫斯基《图像志和图像学》这篇文章开头的第一句话那里就已经可以明显地看到内容分析和形式分析之间的对立。上文讨论的也即内容分析与形式分析之间的这种对立，它成为魏玛共和国时期艺术史专业理论和地形学（Topographie）的一大特点。内容分析与形式分析之间的对立也表现为汉堡和慕尼黑之间的对立。

三　1933 年之后：第三帝国和流亡——图像学的流亡以及形式分析的延续

“第三帝国”建立之初，也就是在纳粹党“掌权”后不久，犹太艺术史学家潘诺夫斯基就被解雇，一些年轻的艺术史学家，比如汉娜·利维·戴因哈德（Hanna Levy Deinhard）[1] 和威廉·塞巴斯蒂安·赫克施尔（Wilhelm/William Sebastian Heckscher）在开始博士学业之前就遭到了驱

1　参看汉娜·利维：《海因里希·沃尔夫林，他的理论：他的前辈们》，罗特韦尔，1936 年（博士毕业论文，巴黎索邦神学院）；伊雷妮·贝洛：《文化间的艺术和社会：流亡的艺术史学家汉娜·利维·戴因哈德及其当今现实意义》，布尔库·道格拉玛西编，慕尼黑，2016 年。

逐。此后，许多学者和研究者被迫流亡美国。在格特鲁德·宾（Gertrud Bing，1982—1964年）和弗里茨·扎克斯尔（Fritz Saxl，1890—1948年）的努力下，瓦尔堡文化科学图书馆迁至伦敦，从而得以继续正常运转。[1]与图像学的境遇相反，倾向于形式分析的、风格历史方向的主要倡导者却与纳粹政权保持着亲密的交往，其中著名的有逝世于1947年的威廉·平德（Wilhelm Pinder），以及至今依旧著名的逝世于1984年的汉斯·泽德尔迈尔（Hans Sedlmayer）。平德在战后被禁止授课。平德致使他的犹太同事遭受追杀，他对此不曾有过惧怕。那位犹太同事即是奥古斯特·里伯曼·迈亚（August Liebmann Mayer），他最终在奥斯维辛集中营被杀。在纪念阿道夫·希特勒50岁生日的文章中，平德用种族主义的口吻谈到犹太艺术史学家："将犹太艺术学者从研究和教学领域中驱逐出去，从而摆脱他们太过抽象的思想所带来的危险，这一抽象的思想方向——对于我们艺术的本质，正如对于我们科学的本质一样是如此陌生——可能阻碍纯粹德国研究发挥作用。"泽德尔迈尔曾是公开的纳粹分子，他不仅在战后的德意志联邦共和国获得了一个大学教席（自1951年起于慕尼黑），而且也在奥地利获得了一个大学教席（从慕尼黑退休之后，1965年起于萨尔茨堡）。有传言称，沃尔夫林已经表现出了对纳粹政府的好感——伊冯·利维在她最新的一部重要研究中谈及了这些传言。[2]

1　卡伦·米歇尔斯：《移植的艺术科学：流亡于美国的德语艺术史》，柏林，1999年；乌尔里克·温兰特：《流亡的德语艺术史学家的生平介绍手册》，慕尼黑，1999年。

2　参看伊冯·利维：《巴洛克和形式主义的政治语言（1845—1945）——伯克哈特、沃尔夫林、古利特、布林克曼、泽德尔迈尔》，第95、150—156页。

这些传言导致形式分析与风格历史的传统在1968年以后新出现的社会批评与自我批判的“左翼”艺术史支持者那里享有较低的声望，且很少被顾及。将形式分析与图像学这两种方法富有成效地结合在一起，这一目标有待于年轻一代的艺术史学家在1980至1990年左右来完成。

四　1945—1968年形式分析与图像志/图像学的“和平共处”。有关综合性方法的早期尝试：巴特和泽德尔迈尔之间的对立

1945年之后，在第三帝国期间获得大学教席的教授们经过短暂的去纳粹化后，往往又重获旧职或者获得了与旧职相似的职位。这些教授采取一些行动，以阻止他们那些流亡在外的老同事回归。一些人继续拓展风格历史的、鉴赏性的方法，比如阿尔弗雷德·施坦格（Alfred Stange）和胡伯特·施哈德（Hubert Schrade）：施哈德曾积极参与了驱逐其同事奥古斯丁·格利泽巴赫（August Grisebach）离开海德堡的行动，施坦格关于哥特式木版油画（Tafelmalerei）的资料集出版于1967至1978年。与此同时，图像学在国际上收获了巨大的声望，在美国精英大学任教的潘诺夫斯基及其学生们尤其获得了巨大的国际声望，以至于图像志和图像学在当时也受到德意志联邦共和国大学的强烈推崇，尽管后者大多并不在热门的哲学和文化科学的语境中研究图像学，而卡西尔、瓦尔堡、潘诺夫斯基及其学术圈将“图像学”视为一门有关图像“逻辑”的科学，继而将其与哲学、文化科学联系在一起。在德意志联邦共和国传统

的大学城中，艺术史学科设立于大学的院系之中，另外艺术学院也设有艺术史这一学科。在20世纪五六十年代的“艺术历史实践”中，风格历史的、鉴赏性的方法和图像志的方法在这些大学院系中大体上全面地和平共处，而围绕方法论所展开的公开争论是一个例外。

其中著名的一个例外即是汉斯·泽德尔迈尔和库尔特·巴特（Kurt Badt）之间的争论。巴特曾和潘诺夫斯基一道师从威廉·佛格（Wilhelm Vöge），他在纳粹政府统治期间移民伦敦，从而幸免于难。1956年，在他66岁之际，巴特发表了一部有关保罗·塞尚的重要专题著作。在当时的大学艺术史中，有关塞尚的科学研究常常仍被认为是太过于当代的。巴特将塞尚在绘画形式上的独特创新阐释为一种基于柏拉图主义的世界观的象征性表达。在发表了有关塞尚的专题著作之后，巴特又通过发表著作的方式，深入研究了希尔德勃兰特的“形式问题”[1]。巴特和先前的汉堡图像学家对新柏拉图主义有着共同的兴趣（巴特和潘诺夫斯基是朋友，受了巴特的影响，潘诺夫斯基才开始了艺术史的学习）。同时，巴特也是一位对形式进行精确描述的大师，他认为形式具有重要的意义，从而将形式理解为“象征形式”（恩斯特·卡西尔语）。

作为一位无固定职位的学者，巴特生活在边缘之处——博登湖边的于柏林根。年轻的艺术史学家比如恩斯特·戈泽布鲁赫（Ernst Gosebruch）、马克思·伊姆达尔和约阿希姆·普什克（Joachim Poeschke）经常去巴特的住处拜访他。直到晚年，巴特才成为新康斯坦茨精英

1　希尔德勃兰特于1893年出版了《造型艺术中的形式问题》。——译者注

大学的名誉教授。与巴特的境遇相反，汉斯·泽德尔迈尔在德意志联邦共和国早期很快就成为战后文化市民阶级（Bildungsbürgerlich）读者眼中的香饽饽。泽德尔迈尔最早属于维也纳艺术史学派，但正如上文所提到的，他于1951至1964年期间在慕尼黑任教。泽德尔迈尔认为，“艺术的艺术性”既无法通过纯粹的风格批评，也无法通过纯粹的图像学得到认识。在他看来，唯有通过对内容和形式的一种综合性阐释，艺术作品的“意义”才能够展现出来。泽德尔迈尔的《中心的消逝》（和霍克海默与阿多诺的《启蒙辩证法》于同一年即1948年出版）曾是阿登纳时代[1]艺术史书籍的销售冠军。与弗莱堡大学教授、海德格尔的朋友、伦勃朗研究专家库尔特·鲍赫（Kurt Bauch）[2]以及一部有关绘画中的光线的著名著作的作者、汉堡大学教授沃尔夫冈·薛纳（Wolfgang Schöne）一样，泽德尔迈尔从未对其在纳粹政府中的活动以及为纳粹政府所做的服务而道过歉。他的文章将精确的形式分析与有关图像叙事以及象征意义的研究联系在一起，进而追问形式塑造对于内容和图像信息的意义。

1962年，泽德尔迈尔首次发表了一篇有关勃鲁盖尔[3]的油画《盲人跌倒》（*Blindensturz*）的文章。泽德尔迈尔的这篇文章克服了上文所提到的那种分裂性，它是将内容分析与形式分析结合起来的一次重要的尝

1 康拉德·阿登纳（Konrad Adenauer）：1949至1963年期间任德意志联邦共和国总理。人们把阿登纳执政时期称为“阿登纳时代”。——译者注

2 马丁·帕彭布洛克：《1933至1945年期间弗莱堡的库尔特·鲍赫》，载尤塔·赫尔德、马丁·帕彭布洛克编：《纳粹时期的大学艺术史》，哥廷根，2003年，第195—215页。

3 老彼得·勃鲁盖尔（Pieter Bruegelder Ältere，约1525—1569年），文艺复兴时期尼德兰伟大的画家。——译者注

试，也是一次早期的尝试。[1] 泽德尔迈尔认为，这幅图画的“意义”源自内容和形式，源自图像内容（“盲人引导盲人”的圣经寓言故事）和图像形式（由人物向下倾倒所形成的斜线对立于由教堂尖塔所形成的垂直线）。这幅油画的“意义”在于：人物的跌倒将通过教堂而扶正，而超越，而和解。这一和解的图像象征即为油画上的那朵百合。在位于那不勒斯的这幅油画上，这朵百合被裁剪掉了。但泽德尔迈尔了解收藏于列支敦士登公国博物馆（维也纳 / 瓦杜兹）的未经裁剪的复制品。另外，这件复制品不久前正好在上海展出。[2]

20 世纪 60 年代初，曾在第三帝国时期被迫流亡的独立学者巴特与泽德尔迈尔之间围绕维米尔的《绘画艺术》(*Schilderconst*，现藏于维也纳艺术史博物馆）这幅画展开了一次有关艺术史分析原则以及分析程序的争论。双方在争论中针锋相对，但同时也交换了极为有力的论据。巴特批判的绝不是泽德尔迈尔所有意追求的形式与内容之间的并置，他批判的主要是泽德尔迈尔所强调的那种决定性意义。泽德尔迈尔认为，在观看一幅油画时所产生的现时即刻的第一印象具有决定性的意义，并且他根据从中世纪圣经诠注那里发展而来的阐释方法赋予多层次的文字意义一种决定性的意义。而巴特则从现代艺术出发，认为这种决定性意义

1　汉斯·泽德尔迈尔：《彼得·勃鲁盖尔：盲人的跌倒》，载汉斯·泽德尔迈尔：《时代与作品》第 1 卷，米腾瓦尔德，1959 年，第 319—357 页；《1962 年慕尼黑大学艺术史研讨课手册》（增订版）第 7—8 册，第 5—22 页。在这之前，泽德尔迈尔在第一届“达姆施塔特对话”（1950 年）中围绕抽象艺术与画家维利·鲍迈斯特（Willi Baumeister）以及另一位曾经的移民特奥多尔·阿多诺展开了一场备受关注的争论。

2　展览画册《鲁本斯、凡·戴克和佛兰德斯画派：列支敦士登公国博物馆收藏的大师作品》，上海中华艺术宫，2014 年 3 月 12 日至 6 月 2 日，约翰·克拉夫特纳编，第 4 号，图见第 89 页。

在时间顺序上是不对的（anachronistisch）。[1] 相反，在由著名的科隆杜蒙绍贝格（Du Mont Schauberg）出版社出版的《针对汉斯·泽德尔迈尔的论战文》中，巴特从欧洲艺术家所设立的从左到右的观看顺序出发，强调对艺术作品的感知所具有的特殊的时间性。[2] 巴特的这一观点，和泽德尔迈尔所认为的在第一个具体的印象中包含所有后续阐释步骤的条件的观点一样是教条的。但是巴特也强调了图像形式对于观看过程中的意义开启所具有的意义。

与伊姆达尔、肯普和图勒曼后来所进行的同样基于论题但详细而精确的图像描述和阐释相比，巴特和泽德尔迈尔的个案研究和个别图像分析不妨说有点欠缺，且相当笼统。

在此期间，提倡形式分析与批判性的历史学相综合的方法的还有另一位相对不太有名的艺术史学家，他就是理查德·哈曼（Richard Hamann）。[3] 哈曼是一位任教于德意志联邦共和国马堡大学的教授，同时也是东柏林即民主共和国洪堡大学的名誉教授。1959 年后，哈曼与年轻艺术史学家约斯特·赫尔曼德（Jost Hermand）共同出版了一部有关德国

---

1 汉斯·泽德尔迈尔：《扬·维米尔：绘画艺术的名望》，载库尔特·鲍赫编：《汉斯·扬岑纪念文集》，柏林，1951 年，第 169—177 页。

2 库尔特·巴特：《扬·维米尔的“模特和画家”：有关阐释的问题——针对汉斯·泽德尔迈尔的论战文》，科隆，1961 年。参看劳伦斯·迪特曼的“后记”，载《扬·维米尔的“模特和画家”：有关阐释的问题——针对汉斯·泽德尔迈尔的论战文》（增补本），科隆，1997 年，第 147—165 页。巴特有关图像的逻辑建构以及图像观看所具有的确定顺序的思想可以追溯至德尼·狄德罗、拉斐尔·罗森伯格：《测量目光：对经验图像科学的建议》，载《巴伐利亚美术学院年鉴》，哥廷根，2014 年，第 71—86 页。

3 参看鲁斯·海夫里格、贝恩德·赖芬伯格编：《介于东西之间的科学：作为跨越边界者的艺术史学家理查德·哈曼》，马堡，2009 年。

最后一个帝国的艺术史和文化史的经典著作《1870年至今的德国文化》。在这部著作中，哈曼将德国经济繁荣时期和威廉时期艺术史的内容特征以及形式特征并置在一起进行了一次综合性的阐释。

五 1968年之后，1980—1990年左右关于形式分析与图像志相综合的方法的三种建议，亦即通过自主的图像形式来分析图像叙事的研究：伊姆达尔、肯普、图勒曼

在1968年学生运动爆发后不久，部分“老纳粹分子”、部分传统的重视西方基督教价值的教授和教席拥有者以及刚博士毕业不久的年轻一代艺术史学家在德意志联邦共和国艺术史学家职业联合会上，即1970年的艺术史学家日上，形成了一次影响深远的对峙。年轻的马丁·瓦恩克的报告引起了不小的轰动。他在报告中引用了与会的艺术史学家在各种通俗科学的书籍和小册子中所发表的有关艺术史经典作品的图像分析。这些经典的艺术作品创作于不同时期、不同地点。瓦恩克所做的这一新颖的引文拼贴画（Zitatcollage）证明，对于如此不同的艺术作品所进行的基于形式分析和风格历史的描述竟如此相似。瓦恩克将这一现象归因于训练有素的专业描述语言中所包含的惯用语、模式化语言以及老一套用语。这些语言尤其总是被在场的教席拥有者们反复地运用于对创作时间和创作地点差别巨大的极为不同的艺术作品的分析之中。瓦恩克指出，在这种艺术作品的描述方式背后存在一个极权的（totalitär）、总体化的（totalisierend）主导动机，即将图像的整体构图凌驾于个别形式

之上。[1]而这一主导动机，根据瓦恩克的观点，则可追溯至真正源于德国的有关国家和社会的哲学、意识形态和政治观念，它们在纳粹国家的“民族体”（Volkskörper）以及服从集体的思想意识中达到顶峰。瓦恩克于同年编辑出版了这届科隆会议的会议论文集，他的文章在这部会议论文集中首次得到发表。除此之外，这部论文集还收录了1938年移民他国的利奥波德·埃特林格（Leopold D. Ettlinger）的文章以及一批更年轻的作者的文章，他们中一部分人等到后来才出名。[2]这部论文集的作者们明确地表示，他们不支持自治的模式，而将艺术的历史理解为对社会过程和文化史、意识形态史的一个类比。1968至1970年争论的后续影响是，德意志联邦共和国的艺术史学家们常常借鉴美国的最新研究，提出了艺术史研究的新问题，开辟了艺术史研究的新领域，比如说艺术和性

---

1 马丁·瓦恩克：《艺术史通俗文献中的世界观动机》，载马丁·瓦恩克编：《介于科学和世界观之间的艺术作品》，居特斯洛，1970年，第88—108页。
在这篇文章中，瓦恩克根据大量出自早在第三帝国时就已大量发行的通俗系列出版物（即所谓的“蓝书”）以及在德意志联邦共和国20世纪60年代广为阅读、为介绍当代艺术做出巨大贡献的价格便宜的小本专题著作（雷克拉姆［Reclam］出版社出版的有关造型艺术的专题著作，曼弗雷特·文德哈姆编）的引文证明了，艺术史书写所使用的惯用语是如何广受追捧的。这些惯用语与德意志联邦共和国的艺术史学家压制个别元素、重视整体的形式构图相关联，这种整体的形式构图凌驾于所有个别元素之上，是“统治性的”。
1970至2006年，德国艺术史学家托马斯·普特法尔肯在英国从事研究活动。据普特法尔肯自己所言，他在“六八运动”中的活动致使他在德意志联邦共和国大学无法找到职位。普特法尔肯后来出版了一部经典著作《绘画构图的发现》（纽黑文／伦敦，2000年），在这部著作中，他将从源头开始的形式构图的概念及观念演化进行历史化处理。

2 马丁·瓦恩克编：《介于科学和世界观之间的艺术作品》，居特斯洛，1970年。收录的文章作者有卢茨·豪辛格、贝托尔德·欣茨、罗兰·格恩特、乌尔里希·凯勒、诺伯特·施耐德。这部文集是上文提到的托尔斯滕·施耐德正在撰写的博士论文的核心参考文献，我衷心感谢施耐德的宝贵建议。

之间的关系以及政治图像志。[1]

直至20世纪80年代，德意志联邦共和国中有关艺术史的学说仍然很少提供方法上的反思，风格历史/鉴赏和图像志在具体案例上的调和还比较幼稚，因为这两者之间的关系还未曾从方法角度得到阐明。直至80年代中期，“六八一代”所提出的对于艺术史专业的自我反思和启蒙性思考以及对于学科自身系统的（历史的）可能性条件的要求才在各大学和著名出版社得到明显的认可。在这一背景下，人们可以从1986至1987年在慕尼黑大学由学生举办的系列报告中了解到各种艺术史方法。慕尼黑大学艺术史协会的学生们（其中包括克莱门斯·弗胡［Clemens Fruh］和拉斐尔·罗森伯格）邀请著名的艺术史学科代表来做报告，而报告的内容既无关于这个或那个艺术作品，也无关于这位或那位艺术家，倒是关于各种方法（je eine Methode），例如关于阐释学、接受美学、Ikonik［图像学］等的方法。于1989年出版、至今看来仍不过时的论文集《艺术史——但是如何？》[2]收录了这些报告，其中包括沃尔夫冈·肯普和马克思·伊姆达尔的报告，还有后来“四大B”（große B）中其中三位的报告（汉斯·贝尔廷、霍斯特·布雷德坎普、戈特弗里特·伯埃姆，缺了韦尔纳·布施。在这次报告会举办前不久，布施又以图书的形式出版了影响巨大的以艺术的功能历史为研究重点的《艺术广播

1　尤韦·弗莱克纳、马丁·瓦恩克、亨德里克·齐格勒编:《政治图像学手册》(第1卷:《从退职到效忠》，第2卷:《从大将军到小矮人》)，慕尼黑，2011年。

2　莱门斯·弗鲁、拉斐尔·罗森伯格:《艺术史——但是如何？十个主题和范例》，慕尼黑大学艺术史协会编，慕尼黑，1989年。

讲座》[1]）。2000年左右，“四大B”通过带领驻于大学但受第三方（国家）资助的研究团队，几乎主导了德语区的艺术史话语。这部慕尼黑文集的作者们关注他们科学行为的反思性自证：他们就为什么他们自己采用了这一种方法，而不是另一种方法来谈论图像这一问题，进行了一次详尽而明确的科学论证。

1. 马克思·伊姆达尔

在参与慕尼黑系列报告的艺术史学家中有一位在讨论中提出独特见解的著名学者，他就是马克思·伊姆达尔。伊姆达尔拥有新波鸿鲁尔大学艺术史系教席。波鸿鲁尔大学在1962年才建立。自伊姆达尔担任该校艺术史系第一任系主任，以及戈特弗里特·伯埃姆和韦尔纳·布施在那里任教之后，波鸿鲁尔大学就成为西方经典艺术作品以及现代艺术作品形式分析、形式意识的但绝非反现代的研究中心。现代艺术作品被列为艺术史专业规范的研究对象，因此艺术史专业规范的研究对象得到拓展，在这一点上，波鸿鲁尔大学、伊姆达尔和伯埃姆发挥了决定性的作用。[2] 早在1980年之前，伊姆达尔就在他发表的重要文章中对中世纪以及近代艺术史上的经典作品进行了形式意识的同时又以意义为导向的阐释。[3]

1　韦尔纳·布施编：《艺术广播讲座：功能变化中的艺术的历史》，慕尼黑/苏黎世，1987年。

2　不久前，戈特弗里特·伯埃姆于1973至2017年期间所撰写的文章合集得以出版，参看戈特弗里特·伯埃姆：《时间的可见性——有关现代图像的研究》，拉弗·乌波编，帕德博恩，2017年。

3　参看马克思·伊姆达尔：《著作集》，共3卷，法兰克福，1996年。

正如在他之前的弗里德里希·林特伦[1]和黑泽一样，伊姆达尔在他的代表作中借助对画家乔托·迪·邦多纳（Giotto di Bondone，逝于1337年）所创作的湿壁画的分析，强调了他所理解的西方的“图像”（Bild）概念，而吉贝尔蒂和瓦萨里早已把乔托风格化为近代绘画和“文艺复兴”（rinascita）（我们的“文艺复兴”[Renaissance]）绘画的开创者。伊姆达尔的这部代表作即为《乔托—阿雷纳湿壁画：图像志—图像学—Ikonik[图像学]》。[2]对于伊姆达尔来说，他的“Ikonik”[图像学]的核心即在于将个别艺术作品视为一种“意义传介（Vermittlung），而这种意义传介的方式无法为其他任何方式所取代”[3]。“Ikonik”[图像学]从图像内容的角度，也就是从图像叙事和图像意义的角度研究图像的形式结构。按照伊姆达尔的观点，“Ikonik”[图像学]研究图像所特有的、且唯有“通过图像才得以可能”的复合性“意义结构”的生产。

1945年，伊姆达尔20岁。伊姆达尔最初是一名画家，曾于1948年

---

1 弗里德里希·林特伦（Friedrich Rintelen，1881—1926年），德国艺术史学家，代表作有出版于1912年的《乔托与伪乔托》。——译者注

2 在这部著作出版之前出版有马克思·伊姆达尔:《乔托：有关图像意义结构的问题》，慕尼黑，1979年（伊姆达尔在慕尼黑所做的一次报告作为慕尼黑卡尔·弗里德里希·冯·西门子基金会的平装小书出版）。

3 马克思·伊姆达尔:《Ikonik[图像学]：图像和对图像的视看》，载戈特弗里特·伯埃姆编:《什么是图像？》，慕尼黑，1995年，第300页。关于伊姆达尔的艺术观参看伊姆达尔3卷《著作集》中戈特弗里特·伯埃姆、韦尔纳·哈格、安吉利·扬森-弗基塞维克、汉斯·罗伯特·姚斯和古道尔夫·温特尔德的文章。参看韦尔纳·霍夫曼:《纯粹性的视看——关于马克思·伊姆达尔的一次尝试》，载《神话》1996年12月，第573期，第1145—1151页。最新相关研究参看沃尔夫冈·肯普:《告别形式概念——系统理论能帮助我们吗？》，载《神话》2019年7月，第842期，第31—44页。

荣获了一个为德国青年艺术家颁发的美国艺术奖。伊姆达尔在明斯特大学取得博士学位以及大学授课资格，他的研究课题是1000年左右中世纪（“奥托王朝”）图书插画中图像形式与图像叙事之间的关系。[1]然而，他所使用的研究方法的出发点却是现代艺术，比如画家京特·弗鲁特伦克（Günther Fruhtrunk，1923—1982年）的作品《绿色的音调》(*Grüne Akzente*)(1969年，布上丙烯酸，波鸿鲁尔大学艺术陈列馆)。如果我们在对弗鲁特伦克这样一幅无具形绘画的描述中完全不涉及对诸如钢琴键的具体形象的联想，那么对于伊姆达尔来说，这样的描述就不是源于一种识别性的视看[2]，而是源于一种“纯粹性的视看”[3]或形式上的视看(Formensehen)。在弗鲁特伦克的这幅绘画中，这种纯粹性的视看或形式上的视看基于图形与底面之间的动态关系(Figur-Grund-Relationen)。在这种关系中，白色的条纹时而显现为前景的一部分，时而又显现为背景的一部分。相应地，黑色的条纹时而显现为背景的一部分，时而又可被视为前景的“图形”(Figur)。或者，我们同样将弗鲁特伦克的这幅绘画看作一个非具象的造型（Figuration）或形状（Gestalt）——作为由形式

1 接下来对于马克思·伊姆达尔和沃尔夫冈·肯普的相关论述来自《艺术科学导论》的原稿，这一《导论》由我自1998年起在康斯坦茨大学与施特芬·伯根和菲力克斯·图勒曼一道起草，接着尤其通过施特芬·伯根和于尔根·施图尔（Jörgen Stöhr）得以深化和扩展。在此，我衷心感谢上述提到的几位学者友善地允许我大量引用这一原稿中的内容。所有错误由我承担。

2 “wiedererkennendes Sehen”这里译为“识别性的视看”，也可译为“再认识性的视看”。——译者注

3 “sehendes Sehen”也可译为“作为视看的视看”。因其强调视看的纯粹性，故在此对应“识别性的视看”将之译为“纯粹性的视看”。——译者注

构成的一个非再现性造型——它可以显现为一个立起来的、从图像域中心略微向右下方移动的正方形，这一正方形由顺着右下方下落的黑白条纹组成。除此之外，我们从弗鲁特伦克的这幅绘画中还可以（同时地或连续地）看到其他不同的抽象图形和图案，它们构成其他不同的感知可能性，这些感知可能性同时或者接连显现。对于这些现象，马克思·伊姆达尔用“纯粹性的视看”的概念，即一种纯粹形式上的视看的概念来加以描述。

伊姆达尔曾是德国最早研究现代非具象艺术的艺术史学家之一。从现代非具象艺术作品那里获得的经验成为伊姆达尔研究传统艺术的出发点。伊姆达尔认为，“纯粹性的视看”对所有时代的绘画的感知和描述来说都是重要的，而不仅仅对非具象绘画来说是重要的，非具象绘画几乎迫使观众进行这样一种纯粹视看。然而，在传统艺术作品那里，伊姆达尔同样也提出了一个问题，即图像的具象性感知（即“识别性的视看”）和“纯粹性的视看”（关于色彩和形式）是如何相互作用的。伊姆达尔首先在对欧文·潘诺夫斯基的图像志 / 图像学模式的批判性研究中建立起了他自己的方法。[1] 对于潘诺夫斯基的图像志 / 图像学模式，伊姆达尔首先批判道，图像学方法所研究的不是特殊的（图像）产物（即艺术作品），而是“受证实的一般之物”（bezeugtes Allgemein），它研究的是一般文化史和意识形态史的范式及观念。根据潘诺夫斯基的观点，“图像学”阐释是一种等级模式（Stufenmodell）所要实现的目标。在图

1　马克思·伊姆达尔：《乔托—阿雷纳湿壁画：图像志—图像学—Ikonik［图像学］》，慕尼黑，1980 年，第 84—98 页。

像学那里，作品由于成为普遍的“精神历史时代”的标志、成为时代特有的世界观的标志，而被迫失去了其作为个别存在所具有的独特性。其次，伊姆达尔批判道，图像学方法对于形式概念和构图概念的理解具有局限性。为了证明这一点，伊姆达尔将图像志和图像学与康拉德·菲德勒的形式主义分析方法放在一起讨论。[1]伊姆达尔不仅选择沃尔夫林的形式主义分析方法（风格历史）作为图像学的对立面，而且首先选择康拉德·菲德勒的形式主义分析方法作为图像学的对立面。伊姆达尔早已发表了有关菲德勒（同时有关马雷斯和希尔德勃兰特）的著作。[2]正是从菲德勒那里，伊姆达尔接受了“纯粹性的视看”这一概念。作为一种有关视看方式的概念，“纯粹性的视看”主要关注（在图像整体的视野下）有关色彩与形式的纯粹视觉经验。对伊姆达尔来说，与“纯粹性的视看”相对立的概念是“识别性的视看”。“识别性的视看”将图像联系到图像以外的可识别的事物，它把图像破译为对事物和文本的一种模仿（Mimesis）。伊姆达尔批判潘诺夫斯基，因为潘诺夫斯基在他的描述模式中仅仅关注了“识别性的视看”，而未曾考虑“纯粹性的视看”。但伊姆达尔也批判菲德勒，因为菲德勒将“纯粹性的视看”绝对化，而舍弃了“识别性的视看”。因此，菲德勒的形式主义方法和潘诺夫斯基的图像学一样是片面的，尽管是一种“相反的片面”。对于形式主义和图

1 马克思·伊姆达尔：《乔托—阿雷纳湿壁画：图像志—图像学—Ikonik［图像学］》，第84—98页。

2 马克思·伊姆达尔：《马雷斯、菲德勒、李格尔、希尔德勃兰特、塞尚：图像与引文》，载汉斯·约阿希姆·施林普夫编：《19至20世纪的文学与社会》，波恩，1963年，第142—195页。

像学各自所特别忽视的东西，伊姆达尔所下的核心诊断为：单单“识别性的视看”（潘诺夫斯基）是“忽视图像”；而单单“纯粹性的视看”（菲德勒）是“忽视意义”（bedeutungsblind）。[1] 在伊姆达尔看来，上述两人缺乏一种将“识别性的视看”和“纯粹性的视看”两方面结合起来的方法。他察觉到，以往艺术科学存在一个普遍性的缺陷，即以形式为导向的方法和以内容为导向的方法长久以来被分离开来研究。伊姆达尔将他的“Ikonik”[图像学]方法定义为图像志/图像学与形式主义相综合的方法。“Ikonik”[图像学]的概念体现了伊姆达尔的高要求，就像众所周知的、拥有丰富传统的“Ethik”[伦理学]概念直接联系于“Ethos”[伦理]概念，伊姆达尔所提出的“Ikonik”[图像学]这一新概念也完全直接与“Eikon”[图像]相联系。

伊姆达尔将他这种综合性的方法首先应用于乔托的一幅湿壁画上。《耶稣被捕》（*Die Gefangennahme Christi*）是乔托于1306年间在帕多瓦的阿雷纳礼拜堂所创作的湿壁画中的一幅。[2] 伊姆达尔首先描述了这幅湿壁画的图像志主题：犹大通过亲吻的方式出卖了耶稣。识别性的视看和纯粹性的视看如何联系在一起？伊姆达尔强调，对于纯粹性的视看而言，存在一个受图像决定的构图轴线（伊姆达尔所做的示意图是，他在《耶稣被捕》这幅图上标记了一条斜线）。首先，伊姆达尔认为，在这条

1　我记得，马克思·伊姆达尔在波鸿鲁尔大学1987至1988年的一次讨论课上口头表达了这一观点。有关他对这一诊断的详细论证参看伊姆达尔：《乔托-阿雷纳湿壁画：图像志—图像学—Ikonik[图像学]》，第84—98页。据我所见，在这部分论述中伊姆达尔并未明确使用“忽视图像”和“忽视意义”这一对概念。

2　米歇尔·维克多·施瓦茨的精彩导论，参看马克思·伊姆达尔：《乔托》，慕尼黑，2009年，第27—39页。

轴线中或轴线上所表现的内容并不重要，重要的是这条轴线在形式上的定义：众多图像对象（Bildgegenstand）。更确切地说，众多图像对象的形式组合成一条直线。这条直线（差不多）穿过图像平面的几何中心。接着，伊姆达尔问道：这一场景中有哪些主题和画面将通过这一构图轴线而得到强调？为了回答这一问题，“识别性的视看”就开始发挥作用。根据伊姆达尔的阐述，这一场景中两个截然对立的画面将通过这一轴线而得到强调：耶稣由于被捕而身处劣势；耶稣（基于他的神性，根据传统神学的观点）事先早已知晓犹大即将要采取的行动而获得优势。伊姆达尔认为，士兵为打人而举起的木棍将耶稣遭受威胁、身处劣势这一主题以最清楚的方式表达了出来（木棍的形式是受图像决定的斜线和创作轴线的一部分）。然而，在与犹大的对峙中，伊姆达尔认为，耶稣的优势却又场景式地得到表现：在亲吻之前的那个时刻，耶稣看清了背叛者，却任之行动。耶稣和犹大两人极富表现力的双眼（它们曾是伊姆达尔《乔托》一书首版的封面主题）同样刚好也位于倾斜的构图轴线之上。对于伊姆达尔来说，继林特伦和黑泽之后，作为近代“关系性图像”或者所谓“构造的（komponiert）图像”（同时也被称为“构造的架上画”）的审美范畴的一次早期实现，这幅湿壁画的丰富意义涌现出来，而这一丰富的意义唯有在一种将“纯粹性的视看”和“识别性的视看”结合起来从而完成一种“认识性的视看”[1]的观看中才得以涌现。

伊姆达尔认为，在乔托的“犹大之吻”这一案例中，上文所描述的

1 “erkennendes Sehen”这里译为“认识性的视看”。根据伊姆达尔的观点，它指的是“识别性的视看”（wiedererkennendes Sehen）与“纯粹性的视看”（sehenes Sehen）的综合。——译者注

通过士兵挥舞的木棍而指示出来的这条倾斜的构图轴线，以一种唯有“图像才可能的”方式将两个互相矛盾又极富意义的画面结合在一起：耶稣是一位身处劣势、遭受威胁的人；同时他又是一位享有优势、自愿牺牲的神。在伊姆达尔看来，这两个方面不是通过象征的方式隐秘地表现出来的，而是通过“认识性的视看”表现出来的。正如伊姆达尔常常强调的那样，“直接”形象地表现出来，唯有图像才能够将如此对立的内容明证地表现出来，而且在同时性中表现出来。伊姆达尔将这一研究结果概括为一种图像理论，这一图像理论，如前所述，打开了一条通往图像（Eikon［图像］/Ikon［图像］）的极为直接的道路（Ikon-ik［图像学］），正如 Ethik［伦理学］通往 Ethos［伦理］、Poetik［诗学］通往 Poesis［诗］。伊姆达尔方法论的核心是一种综合性的方法。对于伊姆达尔来说，实现一种开启意义的、完全非简化性而极具复合性的阐释手段即为一种将纯粹性的（形式上的）视看和识别性的（内容相关的）视看结合成认识性的视看的综合。这种特殊的感知形式应当在图像上得以实践，继而通过语言予以描述。

1980 年，伊姆达尔出版了有关阿雷纳礼拜堂的乔托湿壁画的著作。在这部著作中，他强调了这种阐释方法，它是对有关乔托的传统阐释的一个补充，是对可追溯至瓦萨里的有关乔托的忠于自然模仿以及空间表现的传统阐释的一次革新：乔托的绘画不仅仅表现了一种新的“忠于自然”的空间再现，而且体现了图像平面的一种新的“综合化”（正如在伊姆达尔之前，尤其是特奥多尔·黑泽早已强调的那样）。黑泽认为，自乔托起，图像方形（Bildgevierte）就被视作构图的细节：单独的形式将在一个新的准确度上与图像整体相关联（从纯粹性的视看中显示出来）。[1]现在，伊姆达尔在他的《乔托》一书中描述图像构图是如何同时服务于图像叙事的（从认识性的视看中显示出来）。他将“Ikonik”［图像学］的特殊能力描述为一种综合的能力、一种调和的能力：形式和内容不像在风格历史或图像志/图像学那里受到单独的分析。形式分析和内容分析可以在相互作用之中得到反思，但是在伊姆达尔看来，这种反思只能从个别的、特殊的图像出发。伊姆达尔也将他的“Ikonik”［图像学］定义为一种描述个别艺术作品的方法，这与哲学“现象学”相一致（伊姆达尔很可能在他波恩的同事伯恩哈特·瓦尔登菲尔茨［Bernhard Waldenfels］的影响下了解了现象学[2]）：“Ikonik［图像学］是一种从现象上进行描述的方法……它致力于研究纯粹性的视看与识别性的视看的综合，并将这种综合作为一种极为特殊的、一般情况下无法得以表现的意义内容的创建。”[3]在一篇于他死后发表的晚期文章中，伊姆达尔写道：“Ikonik［图像学］的主题是将图像视为一种意义传介，而这种意义传介的方式无法为其他任何方式所取代。……为了注意到这种意义传介，并且理解这种意义传介，就需要具体地观看一幅图像，也就是说，一种图

1 参看马克思·伊姆达尔：《图像概念和时代意识》，载马克思·伊姆达尔：《著作集》第3卷，《反思—理论—方法》，戈特弗里特·伯埃姆编，法兰克福，1996年，第518—557页；特奥多尔·黑泽：《乔托：欧洲艺术的奠基者》，斯图加特，1981年（特奥多尔·黑泽生于1890年，逝于1946年，曾听过沃尔夫林的课）。

2 关于伊姆达尔的“Ikonik”［图像学］方法以及有关绘画的现象学视看方式的比较属于戴思羽（同济大学/斯图加特大学）正在撰写的博士论文的一部分内容。

3 马克思·伊姆达尔：《乔托》，第99页。

像特有的观看方式是不可或缺的。”[1]

在伊姆达尔《乔托》一书的副标题中，“Ikonik”［图像学］这一概念被称为对潘诺夫斯基方法的发展所达到的顶峰：“图像志—图像学—Ikonik［图像学］。”下面这个标题也许能更好地体现 Ikonik［图像学］作为一种综合性方法的特点：“形式分析—图像学—Ikonik［图像学］。”

2. 沃尔夫冈·肯普

沃尔夫冈·肯普是战后德国艺术史学家中的一位全才。肯普因以下种种作为而出名：他研究“接受美学”，对其进行个案调研；写作了一部拉斯金[2]的传记；撰写了一部有关摄影理论的宏大历史（在这之前，他还撰写了一部简明扼要的《摄影历史》）；阐释 19 世纪的主要艺术作品；创作了一部建筑分析手册。就中世纪基督教艺术的图像系统这一主题，肯普发表了两部著作。这两部著作成为形式分析与意义研究相综合的方法发展道路上的里程碑。与伊姆达尔不同，肯普研究的不是个别图像，而是图像系统（Bildsystem）。以往的艺术史学家大多采用鉴赏性的、风格史的方法，又或是图像志的方法来研究中世纪艺术。在这两部著作中，肯普对从个别图像到图像系统的形式和内容上的联结所展现出来的意义维度进行阐释，从而深化了对中世纪艺术的研究。他放弃对中世纪艺术和大教堂做那种怀旧而保守的阐释，即将其视为固定的神学信仰内容的反映，转而具体分析中世纪艺术的个别图像全体。肯

1　马克思·伊姆达尔：《Ikonik［图像学］：图像和对图像的视看》，第 300—324 页。

2　约翰·拉斯金（John Ruskin，1819—1900 年），英国作家、艺术评论家。——译者注

普分析了这些图像全体的造型独创性及其在构图上亦即在意义表现上的创造力。

在《形象的话语：中世纪玻璃花窗中的叙事》《基督教艺术：它的开端，它的结构》这两部著作中，肯普尤为关注中世纪所谓的“类型学的”（typologisch）图像系统。基督教艺术中的类型学图像系统是指个别图像的组合，在这些图像组合中，源自《希伯来圣经》即所谓《旧约全书》的事件被阐释为对所谓《新约全书》的预言——尤其是通过图像句法（bildsyntaktisch）的类比，即形式上的类比，正如肯普和后来他的学生们在个案研究中所展示的那样。在这些类型学的图像系统中，基督教被表现为犹太教的实现，同时也被表现为对犹太教的克服。肯普恰好描述了这一问题，即这样的图像系统如何通过极为不同的方式使得“圣经”（das Buch der Bücher）诸书复杂的、往往互相矛盾的内容看起来拥有既定秩序和一致性，显然也应当使其具有如此的外观。肯普将中世纪造型艺术的图像全体视作对基督教神学的基本问题的回答，这一基本问题早已表现在摩西的两块石板上：一方面是圣经“biblia”（希腊语，“诸书”，复数）局部相互冲突的多元性以及矛盾性，另一方面则是统一的“biblia”（后期拉丁语，“圣经”，单数）。在《基督教艺术：它的开端，它的结构》中，肯普研究了“从400年至1400年的基督教艺术时代”[1]的整个艺术，其中他尤为关注拉丁语西方艺术中叙事图像的组合，以此来阐述有关救赎史和命定的救赎计划的基督教思想。肯普并未研究在同一地点所创作的犹太艺术以及中世纪受犹太人委托而创作的艺术作

1　马克思·伊姆达尔：《Ikonik［图像学］：图像和对图像的视看》，第17页。

品。而这些问题在近年来成为研究热点，如埃娃·弗罗伊莫维奇（Eva Frojmovic）对此问题的研究。

如果说伊姆达尔主要研究个别图像域——尽管在阿雷纳礼拜堂的乔托湿壁画这一案例中，这一个别图像域显然属于整个图像系统和图像目录的一部分——那么肯普则致力于研究从个别图像到预先计划的图像系统，尤其是中世纪的图像系统的视觉联系所具有的形式与意义。类型学图像系统的存在及其神学前提早已众所周知，然而意义上彼此联系的类型学图像系统在其句法联系（即形式联系）上所具有的敏感性和内容紧密性则是通过肯普和他的学生的研究才得以展现出来。

肯普的学生，特别是施特芬·伯根（Steffen Bogen）、贝亚特·弗里克（Beate Fricke）、大卫·甘茨和贝恩特·莫奥普特（Bernd Mohnhaupt）研究中世纪图像项目（Bildprogramm）中形式句法与神学内容的联结，而这一联结既是高度概念化的，同时又是具体明见的。[1] 在对从沙特尔（Chartres）大教堂的玻璃窗花到马克思·克林格尔（Max Klinger）所创作的版画组（graphische Zyklen）的个案研究中，肯普还提出了一个问题，即图像形式和图像内容是如何相互作用，从而形成图像所特有的图像叙事的。肯普的重要研究集中体现在以下这部著作中：《画家的空间：

1 伊姆达尔对个别艺术作品所进行的“图像”细读的方法少有人继承。参看在伊姆达尔那里完成博士学业的安格利·扬森：《皮耶罗·德拉·弗朗切斯卡那里的透视法和图像造型》，慕尼黑，1990 年（波鸿大学 1987 年博士论文）；格尔特·布鲁姆：《汉斯·冯·马雷斯：介于神话与现代之间的自传式绘画》。后面这部由戈特弗里特·伯埃姆指导的博士论文来源于与逝世前不久的马克思·伊姆达尔的谈话所带来的启发。

论自乔托以来的图像叙事》。[1]

除了研究类型学图像系统的图像叙事之外，沃尔夫冈·肯普还将一种文学科学的方法——接受美学（Rezeptionsästhetik）——极具影响力地转用到了艺术史专业中，转用到了对图像的阐释上。20 世纪 60 年代末，接受美学作为一种文学科学的方法通过康斯坦茨学派的接受美学发展起来，同时又深受罗曼语族语言文学研究者汉斯·罗伯特·姚斯（Hans Robert Jauß）和英国语言文学研究者沃尔夫冈·伊瑟尔（Wolfgang Iser）的影响。接受美学的新颖之处在于它从接受者的角度来理解审美现象。而传统上处于中心地位的则是“生产美学”（Produktionsästhetik，关注艺术家及其创作规范）以及恰好体现在以形式为导向的各种方法中的作品内在性（werkimmanent）研究（将艺术作品视作一个自主而自足的整体）。在 80 年代初期，肯普将这种以接受美学为导向的方法系统地转用到了艺术作品的分析之中，转用到了艺术史这门学术性学科之中。为此，他于 20 世纪 80 年代中期出版了两部研究著作：《观看者的参与：19 世纪绘画的接受美学研究》和《图像中的观看者》。

肯普认为，图像“传信”（adressieren）给它的观看者；图像通过空位（Leerstelle）激发观看者的想象；图像内部所表现的“观看者代表”反过来给观看者指示一个立场、分派一个情感态度。伊姆达尔明确地将观看图像这一连续性行为（继泽德尔迈尔与巴特之后）主题化，由此提高了观看者的地位。现在，肯普通过更为详尽的阐述提高了观看者

---

1 参看基利安·赫克、科尼莉亚·约西娜编：《肯普读本：沃尔夫冈·肯普著作选集》，慕尼黑，2006 年（附有肯普的著作目录）。

的地位，他提出了有关图像观看者“进入”图像（建筑的以及机构的）“外部”以及图像（图像内在的）“内部”“条件”（Zugangsbedingung）的理论。肯普的这一理论超越了以往的研究，例如恩斯特·米歇尔斯基（《审美界限》，1931 年）。和他之前的伊姆达尔一样，肯普研究的是不只自阿尔贝蒂和瓦萨里时起，自文艺复兴时起，而是早在古代和中世纪时就已被视为最高贵的绘画类别，抑或至少作为绘画所要求达到的最高的任务之一：“图像叙事”，图像中的历史叙述。

伊姆达尔未曾对图像系统以及图像系统与建筑的融合问题做过解答，而肯普则在讨论影响视觉的“外部进入条件”时一道将图像系统与建筑的关联主题化。在一篇不久前发表的著作《明确的观看者：论当代艺术的接受》中，肯普将他独特的接受美学方法历史化，并将其应用于 20 世纪 60 年代以后的艺术。

3. 菲力克斯·图勒曼

1987 至 2014 年期间，菲力克斯·图勒曼作为艺术史和艺术科学教授任教于康斯坦茨大学。他于 20 世纪 80 年代初期和中期发表了两部著作：《保罗·克利：三幅绘画的符号学分析》和《康定斯基谈康定斯基：艺术家作为自身作品的阐释者》。在这两部著作中，图勒曼借用来源于阿尔盖达斯·朱利恩·格雷马斯（Algirdas Julien Greimas）的符号学理论来分析“经典现代派”[1] 的绘画的图像及文本（格雷马斯和图勒曼都将符号学理解为一

1 “经典现代派”（klassische Moderne）通常用以描述 1900 至 1945 年的现代西方艺术。它包括了 20 世纪上半叶西方造型艺术中出现的各种风格流派。——译者注

般的意义理论，而不是有关符号的理论）。关于克利的这部著作是图勒曼的第二部博士论文，他在巴黎索邦大学艺术史专业完成了这部论文。

图勒曼和沃尔夫冈·肯普同为 1946 年出生。图勒曼在意义理论的基础上回答了从贝尼尼、曼特尼亚[1]、丢勒到克利、康定斯基的叙事图像中，以及——正如在下列文集中——之后出现的现代艺术的叙事图像中，有关图像形式和图像内容之间关系的问题。这一意义理论不仅研究图像这一种交流媒介，而且研究所有的交流媒介。菲力克斯·图勒曼的《从图像到空间：论符号学的艺术科学》收录了他所撰写的文章。

肯普联系了文学科学中出现的新的方法论趋势，图勒曼同样也采用了一种艺术史学史学科规范以外的方法——符号学。图勒曼所采用的符号学主要指上面提到的格雷马斯所阐述的符号学，他曾于 1974 至 1976 年在巴黎高等教育学院学习，师从格雷马斯。与图勒曼和肯普不同，伊姆达尔则完全在艺术史学科话语内部进行了一次形式分析与图像学的并置。伊姆达尔尽管也十分重视学科间的交流，可主要还是在艺术史学科内部发展了他的方法。

从他巴黎的老师格雷马斯所阐述的符号学出发，图勒曼在涉及文本和图像的意义学说及其建立意义的句法联系中找到了遗失已久的方法论基础。他将一般意义理论作为文本与图像的相似点（tertium comparationis），从而分析艺术图像以及艺术图像全体的机能（Vermögen），并且在对艺术图像以及艺术图像全体的深入研究中阐明表意与叙事的

1 安德烈亚·曼特尼亚（Andrea Mantegna，1431—1506 年），意大利文艺复兴时期的画家。——译者注

“意义效果”（Sinneffekt）。

基于20世纪80年代末的报告和文章，图勒曼出版了上文提到的这部《从图像到空间：论符号学的艺术科学》。图勒曼的图像符号学的核心即在于所谓的“结构段学”（Syntagmatik），即分析图像元素（比如绘画中再现的对象、象征、图形）在形式（句法）以及意义生成（语义学）上的联系及其结合中所表现出来的相互作用，而这一联结则被视为一种唯有在图像中才得以建立（并且在观看以及语言分析的时间性行为中得以进行）的联结。图勒曼写道：“与符号概念密切相关的图像阐释（指图像志）必须通过一种结构段学的方法加以补充，而这种结构段学的方法能够将涉及符号的图像造型形式系统地整合到阐释过程之中。”[1]

图勒曼的晚期研究，尤其是关于早期尼德兰绘画与意大利、德国文艺复兴时期艺术的图像研究，具有的一个突出特点即为对以往叙事研究无法系统切入的意义层面进行方法上的分析：对于象征的、寓言的意义层面的分析。而象征的、寓言的意义层面作为“隐藏的象征”（潘诺夫斯基语）曾是、现在也是图像志/图像学研究的核心主题（潘诺夫斯基曾在大学学习中世纪拉丁语语言学，他曾建议艺术史学家选修这门学科，以便能够了解中世纪拉丁语的原始文献。而图勒曼又恰好在中世纪拉丁语语言学专业撰写了他的第一部博士论文）。

在图勒曼看来，图像学对于图像所隐含的象征以及寓言内容的阐释是有所欠缺的。因为图像学并未顾及富有意义的象征——比如对图像志而言具有重要意义的事物或者特征——所具有的句法和结构段学在其构

1　菲力克斯·图勒曼：《从图像到空间：论符号学的艺术科学》，科隆，1990年，第67页。

图中与图像平面、与想象的图像空间的结合。与图勒曼的方法不同，图像志 / 图像学不研究这一问题，即这些象征是如何能够在观看中通过图像所特有的在图像空间与平面形式结构中的定位，从而获得一种特殊意义的。图勒曼从图像平面和图像空间角度出发，通过对各种象征之间形式句法的分析，补充了有关早期尼德兰绘画的“隐藏的象征”“隐藏的象征主义”的分析，从而填补了图像学意义阐释与图像形式描述相结合的——用图勒曼的话说即“结构段学的”——分析方法在研究历史上的空白。对此，图勒曼尤其致力于研究那些时而被认为出自所谓的弗莱马尔大师（Meister von Flémalle）之手、时而又被认为出自罗伯特·坎平（Robert Campin）或罗吉尔·凡·德尔·韦登（Rogier van der Wedyen）之手的油画，特别是那幅现藏于纽约大都会艺术博物馆 / 修道院艺术博物馆的《天使报喜三联画》(*Mérode-Triptychon*)。图勒曼在对《罗伯特·坎平：天使报喜——献给科隆彼得·恩格布雷希特和格雷琴·施里梅切尔斯的婚礼画》《罗伯特·坎平——一部带作品目录的专题研究》《罗伯特·坎平——一部带批判性作品目录的专题研究》三部作品的分析中，同时顾及了赞助人极为特殊的历史背景与生平事迹。

另外，图勒曼研究了雅克布·贝尼尼（Jacopo Bellini）和詹蒂利·贝尼尼（Gentile Bellini）的素描本中的图像创作，这项研究后来在图勒曼 1990 年出版的文集《从图像到空间》中得到再版。[1] 通过这项研

1 菲力克斯·图勒曼：《作为历史阐释的历史表现——对雅克布·贝尼尼巴黎素描本中的背负十字架的耶稣（第 19 集）的分析》，载沃尔夫冈·肯普编：《图像文本：图像独立叙事的可能性及方法》，慕尼黑，1989 年，第 89—115 页。

究，图勒曼表明，图像综合的、寓言的意义层面，如果撇开其在图像平面和图像空间中与形式构图的结合，将无法恰当地得到展现。

在他最新的研究中，图勒曼更多地关注图像组，而不是个别图像。但这里涉及的不是由艺术家和赞助人根据顺序和结构所确定的、无法变更的图像组（Bildzyklen）与图像系列（Bildserien），比如类型学的、“先天的”（a priori）被构想为图像全体的湿壁画目录（比如在肯普那里），而是所谓的“超图像”（hyperimage，“后来”[ex post] 所编排出来的图像全体，比如在博物馆和收藏室中、在画册和主页中），它们是事后组织出来的图像全体，例如通过博物馆的“陈列”、通过图画册的“布局”、通过主页的“排版”而形成的图像全体。

图勒曼在这部著作中这样定义“超图像”：“超图像由自主的图像组成。这些自主的图像在一个创造性的过程中被组合成一个新的图像组，由此产生一种意义，而这种意义不能被理解成简单的相加。”[1]

图勒曼和他康斯坦茨的同事施特芬·伯根一起从图表角度研究图像形式与图像内容以及这两方面之间相互的、结构段学的渗透。他们两人都将图表定义为一种介于文本和图像之间的（受到忽视的）类型。

4. 总结：德意志联邦共和国艺术史的第三条书写路径

伊姆达尔、肯普和图勒曼虽然一方面致力于研究图像自主的造型可能性以及个别图像和图像系统所具有的图像特有的“形式上”的结构化

1　菲力克斯·图勒曼：《作为历史阐释的历史表现——对雅克布·贝尼尼巴黎素描本中的背负十字架的耶稣（第 19 集）的分析》，第 8 页。

特征，另一方面却专门将西方经典高雅艺术的图像造型特征作为主要研究对象。他们研究的主题其实不是被视为自主的图像的“自我指涉”，而是“图像自主与现实”[1]——借引伊姆达尔一部论文集的标题，亦即“图像自主与历史”。伊姆达尔、肯普和图勒曼从图像自主的媒介可能性角度质询图像对于历史的阐释（从这一点来看，伊姆达尔、肯普和图勒曼的研究主题与文章开头提到的德意志联邦共和国艺术家们所创作的艺术作品完全具有结构上的相似性）。也就是说，他们重点关注的绝不是近代早期高雅艺术图像的自我指涉，而归根结底是它们的“他者指涉”（马里厄斯·里梅尔语）。[2]

如果说魏玛共和国曾在政治上分裂为多个极端政党，那么魏玛共和国时期艺术史的撰写也曾以形式主义/风格历史与图像学/文化史之间常常出现的鲜明对立为标志。尽管艺术史撰写中所出现的形式主义/风格历史与图像学/文化史之间的对立不是政治极端化的反映，但如前文所述，两者之间存在某种程度上的相似性，这也是完全可证的。在纳粹时期，形式意识图像分析的代表者（尤其是平德与泽德尔迈尔，但也包括比如通过肖像书[3]在艺术史界引起反响的慕尼黑考古学家恩斯特·布绍尔［Ernst Buschor］）因其政治上的言论和狂热举止而丧失信誉。然而，

1　马克思·伊姆达尔：《图像自主与历史：论现代绘画的理论基础》，米腾瓦尔德，1981年。

2　马里厄斯·里梅尔：《作为历史起点的自我反思：论媒介载体的角色》，载英格伯格·赖西勒、施特芬·西格尔、阿希姆·斯佩尔腾编：《图像的变迁：图像科学的问题》，柏林，2007年，第15—32页。

3　指恩斯特·布绍尔所撰写的《肖像：五千年的肖像道路和肖像发展阶段》。这部著作1960年出版于慕尼黑。——译者注

追求从社会批判和专业批判角度撰写艺术史的“六八一代”艺术史学家们却也几乎不否认，如泽德尔迈尔有关结构分析的文章（或汉斯·扬岑[1]有关中世纪艺术以及有关色彩所具有的“独立价值”[Eigenwert]与“表现价值”[Darstellungswert]的文章）在方法论上提供了十分丰富的内容。20世纪80年代，对于形式分析与内容分析相综合的探寻在艺术史学家当中蔓延开来，泽德尔迈尔恰恰也受到了影响而进行了这方面的探寻，尽管泽德尔迈尔一直是固执不听劝的，正如他战后慕尼黑时期活动的见证者们在我仍在慕尼黑学习期间（1985至1987年）所告知我的那样。[2]同时，自20世纪60年代起，潘诺夫斯基及其学生所发展的图像学在德意志联邦共和国越来越受到推崇。潘诺夫斯基的一部分著作得以再版并且被翻译成德文（1960年，潘诺夫斯基于1924年用德语写作的《理念》出了新版；1964年，他有关陵墓雕塑艺术的讲课的德译本以及他的有关艺术科学的基本问题的论文集得以出版）。

建立于1949年的德意志联邦共和国早已通过立宪会议制定了作为新德意志联邦共和国宪法的基本法，从而具有了国家的性质，它应当避免魏玛共和国时期所出现的极端状况，并调和这些极端。英国占领军曾安排康拉德·阿登纳和西德工业联合会创始人恩斯特·伯克勒尔（Ernst Boeckler）乘坐同一辆汽车（用同一位司机）去参加谈判，并且安排他

1　尤塔·黑尔德：《“第三帝国”的艺术史：慕尼黑大学的威廉·平德和汉斯·扬岑》，载《重点：纳粹时期的大学艺术史》，哥廷根，2003年，第17—60页。

2　玛利亚·曼尼希：《汉斯·泽德尔迈尔的艺术史——一次批评性研究》，维也纳，2016年；弗里德里希·皮尔：《汉斯·泽德尔迈尔1896—1984：著作目录》，萨尔茨堡，1996年。

们在同一家（未供暖的）旅馆过夜。正如阿登纳在他的自传中所叙述的那样，这条有利于对话的道路是完全成功的。魏玛共和国时期的极端化不应再次上演。众所周知，德意志联邦共和国在对内政策上通过企业家在大集团中的共同协商以及“社会市场经济”——在此引用伊姆达尔的话即通过“超对立”（Übergegensätzlichkeit）——从而代表了介于纯粹资本主义和共产主义社会主义之间的第三条道路，而这样的一条道路必定借鉴了魏玛共和国。1968 年之后，德意志联邦共和国在对内政策上完全成功地实践了“敢于扩大民主”[1]，在对外政策上则大力推行缓和外交以及支持北约与华约之间“相互靠拢而带来的变化”[2]。在艺术史这门学科内部，通过风格、形式分析与图像志/图像学之间的相互靠拢，艺术史这门学术性学科中所出现的极端化得以成功消除，我们可以将其理解为这样一种尝试：通过综合，即德语传统所特有的形式分析和 1933 年之后日渐在盎格鲁-撒克逊国家中形成的基于图像学、语言学的意义研究的综合，瓦解“德国文化”“德国形式”（特奥多尔·黑泽语）与国际西方“文明”、科学[3]之间、“浮士德式的本质直观”和国际通用的科学标准之间的对抗模式，而这一对抗模式曾在 20 世纪产生过极为巨大的影响。

1 德语原文为“Mehr Demokratie wagen”。这里作者引用了德国前总理维利·勃兰特（Willy Brandt）所提出的倡议。——译者注

2 德语原文为“Wandel durch Annährung”。这里作者引用了埃贡·巴尔（Egon Bahr）于 1963 年提出的口号。——译者注

3 参看库尔特·弗拉什：《精神动员：德国知识分子与第一次世界大战——一次尝试》，柏林，2000 年。弗拉什和伊姆达尔是朋友。

在这一语境中，对形式化、风格化、抽象化在艺术理论话语以及艺术史传统内部，在韦尔纳·布施、埃里希·弗兰茨、汉斯·克尔纳、拉斐尔·罗森伯格那里进行历史定位，这项研究在我看来也是十分重要的。[1]

伊姆达尔、肯普和图勒曼这三位学者所提出的三种新方法尽管有所不同，但都以此为标志，即这三种方法不是作为一般的理论范式通过演绎的方式得以产生。相反，这三位艺术史学家从个别图像角度，采用归纳的方式，发展、检验并证明了他们的方法论。这三种方法还具有下列可比性：它们绝非简化性的方法，而是复合性的方法。它们完全包含着模糊性，并不对比如潘诺夫斯基、巴特和泽德尔迈尔所一直阐述的内在的预言（divinatorisch）能力有所要求。在眼下这篇文章的标题中所提到的三位艺术史学家在方法论上进行了三种尝试，他们对艺术史的个别图像和图像全体进行了精确而详细的“细读”，从而通过了实证检验。从这方面来看，他们对于个别作品所做的独特解读几乎未曾有后继者出现。

1　韦尔纳·布施：《必要的阿拉伯式花纹：19 世纪德国艺术对现实的汲取以及风格化》，柏林，1985 年；韦尔纳·布施：《伤感的图像：18 世纪的艺术危机以及现代的诞生》，慕尼黑，1993 年；埃里希·弗兰茨编：《线条的自由：从奥布里斯特和青年风格到马克、克利和基希纳》，明斯特，2007 年。汉斯·克尔纳：《寻找“真正的统一”：17 世纪中期至 19 世纪中期法国绘画以及艺术文献中的整体性思想》，慕尼黑，1988 年；拉斐尔·罗森伯格：《特纳、雨果、莫罗：抽象的发现》，法兰克福席恩美术馆，2007 年 10 月 6 日至 2008 年 1 月 6 日。

六　1989年以后："（艺术）历史的终结"和自主关涉的新范式

早在1989年"历史的终结"被提出之前，汉斯·贝尔廷就已宣布艺术史对宏大叙事的书写及其所包含的从瓦萨里主义到黑格尔主义的进步历史的"终结"。[1] 贝尔廷继承了卡尔·洛维特（Karl Löwith）[2] 的传统，并且与当时被广为接受的让-弗朗索瓦·利奥塔[3] 及其有关"宏大叙事"终结的论点相一致。在过去的三十年里，德意志联邦共和国的艺术史研究形成了一些趋势：它们几乎不依靠按照类比模式而展开的历史的、语言学的语境化（Kontextualisierung），而是以图像所具有的超历史的、自主的特质为主题，且在不遵循目的论的进步模式下跨时代地、全面地研究这一主题（曾在西柏林接受教育、现任教于哈佛的本雅明·布赫洛［Benjamin Buchloh］也许是一个例外。布赫洛在他广受关注的对1960年以后的艺术的研究中，将形式分析和与马克思主义相关的历史过程的辩证法联系在一起）。大约自2000年起，特别是德意志联邦共和国出现了"自主反思"（Autoreflexivität，自我反思［Selbstreflexivität］，自我关联

1　见第176页注2。

2　卡尔·洛维特：《世界历史与救赎历史：历史哲学的神学前提》，斯图加特/魏玛，2004年（1953年首版）。

3　让-弗朗索瓦·利奥塔：《后现代状态：关于知识的报告》，巴黎，1979年；《后现代知识》，柏林，1986年。参看姜俊：《思想的位移》，载明斯特艺术学院展览画册，施特凡妮·雷根布莱希特编，明斯特，2012年，第33—45页。

[Selbstbezüglichkeit]）这一范式的大繁荣，尽管这一繁荣无疑与 1989 年之后后历史（Posthistoire）在国际上所获得的繁荣不无关系。“自主反思”指的是在图像这一媒介中，即在一个具体的图像作品中，图像艺术的特征及其媒介和历史可能性的主题化。“自我意识的图像”的说法由于维克多·斯托依齐塔斯（Victor Stoichiţăs）于 1998 年出版的博士论文德译本（他在 1989 年用法语写作了这部博士论文，递交于巴黎）的同名标题而流传开来。这部经典著作附有精美插画的最新修订本即《自我意识的图像：对现代早期元绘画的洞见》。

从这部著作的标题中，我们已经可以清楚地看出“自主反思”这一范式与文学科学的关联。具体来看，“自主反思”这一范式与 1970 年由威廉安姆·H. 格拉斯（William H. Glass）和罗伯特·斯科尔斯（Robert Scholes）提出的“元小说”（Metafiction）概念（和研究对象）有关，继而与对文本的“自我关联性”所进行的文学分析有关，亦即与作者在其文本以及对文学文本固有的自我批判中对文本性和文本生产的主题化分析有关。这样的自我指涉（Selbstreferentialität）以及自主关涉（Autoreferentialität）[1] 通过琳达·哈茨森（Linda Hutcheson）及其经典著作《自恋的叙事》（*Narcissistic Narratives*）在 20 世纪 80 年代成为

1　参看彼得·盖默、伊娃·戈乌伦：《什么成就了艺术、文学及其科学中的自我反思?》，载《德国文学科学与精神历史季刊》，2015 年，第 4 册，第 521—533 页；格尔特·布鲁姆：《自主反思、模糊性、行为意识：约翰内斯·赫拉弗对意大利 15 世纪绘画中的建筑所做的阐释》（此文是为下列著作所做的书评——约翰内斯·赫拉弗：《视看的建筑：15 世纪意大利绘画中的建筑》，帕德博恩，2015 年），载《艺术年代记：艺术科学、博物馆学和纪念物保护月刊》，2018 年，第 1 册，第 43—50 页。

文学科学的一个既定主题。这一主题从20世纪90年代开始在艺术史学科中获得影响巨大的拓展。对此，鲁道夫·普雷梅斯伯格（Rudolf Preimesberger）、施特芬·伯根、格尔哈德·沃夫（Gerhard Wolf）和克劳斯·克鲁格（Klaus Krüger）出版了若干研究著作：《梦与叙事：1300年前造型艺术的自我反思》《图像作为不可见之物的面纱：意大利近代早期艺术中的审美幻觉》《面纱与镜子：基督教图像的传统以及文艺复兴时期的图像概念》《优美：宗教经验与审美明证》。

早在1981年，鲁道夫·普雷梅斯伯格（作为艺术史系教授任教于柏林自由大学多年）就根据绘画的姊妹艺术之一——雕塑作品——在绘画上的表现，阐释了15世纪绘画的自主反思性。他研究早期尼德兰绘画中的灰色画（Grisaille）以及扬·凡·艾克所创作的虚构的雕塑。普雷梅斯伯格关于凡·艾克的《天使报喜》双联画的文章在《艺术之争：凡·艾克、拉斐尔、米开朗琪罗、卡拉瓦乔、贝尼尼》这部文集中得到再版，另外这部文集还收录了普雷梅斯伯格所撰写的有关自主反思的文章。

自主反思不同于风格发展完善化以及艺术形式主义纯粹化中所蕴含的目的论观念。自主反思之所以是一个回溯性的概念，是因为它主要研究艺术作品所包含的对以往艺术作品的指涉。

另外一些超历史的范式，或者至少可以被理解为跨时代的范式，与汉斯·贝尔廷[1]、霍斯特·布雷德坎普、戈特弗里特·伯埃姆这些名字联

1 有关贝尔廷图像人类学的文章，以及有关瓦萨里、温克尔曼、沃尔夫林、潘诺夫斯基、肯普和伊姆达尔的文章的简要介绍参看沃尔夫冈·布拉萨特、胡伯特斯·科勒编：《艺术史方法读本：艺术科学的方法论和历史》，科隆，2003年。

系在一起。贝尔廷发展了图像人类学；布雷德坎普提出了有关“图像行为”（Bildakt）的理论或者说图像作为行动者的理论；伯埃姆将“图像差异”（ikonische Diffenrenz，潜在的图像与图像模仿功能之间存在差异，潜在的图像逐渐才显现为可感知的对象；同时被给予的图像整体与在连续性中得到把握的细节之间也存在差异）作为他在瑞士巴塞尔成立的研究团队的研究核心。自1989年之后，贝尔廷和布雷德坎普也领导着长年由第三方提供资助的研究团队。

西方高雅艺术和殖民主义、宗教狂热以及民族主义狂热的黑暗历史纠缠在一起，这方面的观点向艺术史研究提出了新的挑战，艺术史研究将无法通过“图像”的神秘化和实体化（Hypostasierung）而给予其正确的评价。艺术史学家往往还是致力于研究经典的大师作品（这些经典的大师作品也一直处于公众和博物馆受众的注意力中心）。同时（毫不令人奇怪的是），这些大师作品的作者以及赞助人当时所怀有的意图往往完全不符合一个启蒙了的社会所持有的价值观，自然也不符合德意志联邦共和国基本法所持有的价值观。围绕米开朗琪罗艺术中反犹暗示的争论（芭芭拉·维施），围绕卡拉瓦乔[1]作品中恋童癖暗示的争论（一个自发群众组织要求卡拉瓦乔的《胜利的爱神》从柏林画廊撤展），围绕德意志联邦共和国艺术（从诺尔德[2]到博伊斯[3]）中已证实或受猜测的纳粹主

---

1 米开朗琪罗·梅西里·达·卡拉瓦乔（Michelangelo Merisi da Caravaggio，1571—1610年），意大利画家。——译者注

2 埃米尔·诺尔德（Emil Nolde，1867—1956年），德国表现主义画家。——译者注

3 约瑟夫·博伊斯（Joseph Beuys，1921—1986年），德国著名艺术家。——译者注

义成分的争论才刚刚开始。在此，我们可以学习图像学家在语言上的严谨性，学习形式主义者在描述上的精确性。同时，我们也可以向在“老德意志联邦共和国”中、在所谓的“历史的终结”的背景下尝试综合这两种看似无法和解的方法论传统的学者学习。这三位在本文标题中所指出的作家向我们表明，一种对“作为意义载体”的艺术性“图像”进行精确描述的、基于理论的反思性研究如何可能将这种艺术性图像“理解为人类创造性的最高产物”[1]，而这种艺术性图像所产生的意义效果不必与以它为基础的、受猜测的意图相一致。

1 菲力克斯·图勒曼于2018年12月17日写给我的信件中讲到的内容。我在波鸿大学一年的学业期间（1987—1988年）与马克思·伊姆达尔进行了多次谈话，对此我十分感激。菲力克斯·图勒曼是我1998至2001年期间在康斯坦茨大学一道做研究的同事，我感谢图勒曼所给予我的宝贵建议。从在明斯特工作的第一年起，我就与沃尔夫冈·肯普保持着密切的交流，我感谢肯普给我的重要启发。
最后我衷心感谢青岛研讨会的所有参与者。限于调查研究和谈话的形式，一些简单化的处理以及错误无法避免。

图像的互动

——黑特·史德耶尔在2017年明斯特雕塑展上的作品

菲力克斯·图勒曼（Felix Thürlemann）

汪　洋　译

下面的思考对象乃是一件独特的艺术作品：德国女艺术家黑特·史德耶尔在2017年明斯特雕塑展上展出的多媒体装置“Hell Yeah We Fuck Die”，其初版展出于前一年的第32届圣保罗双年展上。史德耶尔的作品结合了多种媒体：建筑元素、雕塑、字母形式的坐具和一段带有录音、时长4分30秒的视频。此外，这个装置中还有一个较长的视频片断。这个作品的目标在于回应一种方法论上的挑战，即如何去解释一件如此复杂的作品。因此我们尝试把史德耶尔的作品理解为一种从自身中生成意义的工具，它与无数艺术家的理论文本无关。

一　现实的艺术事业语境的作品

黑特·史德耶尔在明斯特的装置引起了评论界的巨大反响。这也带来了别的结果，史德耶尔不久就被《艺术评论》杂志评选为“当代艺术最具影响的百大人物”之一。人们会问：这样的作品为什么是成功的？史德耶尔在圣保罗和明斯特所展出的多媒体装置毫无疑问是引人入胜、具有现实意义的，但是同时也是一件非常复杂的作品。下文中我想支持的立论是，这种复杂性恰恰构成了其作品成功的背景。史德耶尔的理解是：使得多种媒体获得一种和谐和互相挑战的状态，这就像让种种可笑的说法相互协调一样。

在我看来，黑特·史德耶尔作品的成功本质上是与当代艺术事业中艺术的种种可见性方式有关的。因此，在进一步讨论史德耶尔的作品前，让我先简短地对西方艺术作品的呈现和接受方式以及一定程度上仍被呈现的方式进行一番一般性的思考。

最晚从 17 世纪开始，西方文化就是一种多图像的文化，谁要在欧洲，比如在德国南部、在奥地利或者在瑞士去寻访一座巴洛克时代的教堂，这首先就是一种苛求（图 1）。人们不知道应该到哪去看。无论对海外游客还是欧洲人来说都是如此。但同时，巴洛克时代以来的油画和雕塑又极多地出现在富有的诸侯和市民的私人收藏中（图 2）。在与艺术作品的交道关系上，在远东文化圈中——中国、韩国和日本——长久以来就显示出了一种对立的规则：收藏家总是在特殊的时刻，或者只有在与朋友和艺术行家共同观看时才会铺展开一件精选的画作。在西方文化圈中则与之相反，收藏家通过尽可能多地占有并展出作品来使访者留下印象。

而大型的艺术博览会，如迈阿密海滩巴塞尔艺术展（Art Basel Miami Beach）以及同时代的艺术展出——如威尼斯双年展、卡塞尔文献

图 1 茨维法尔滕教堂，内景，建成于 1784 年

图 2 威廉·范·赫克特（Willem van Haecht）、科内利斯·范·德·盖斯特（Cornelis van der Gheest）的绘画陈列馆，1628 年，安特卫普

展或者明斯特雕塑展——遵从的原则则是“一次性地展出尽可能多的艺术”(图 3)。如此一来的结果是，被展出的作品不仅在很大程度上让公众印象深刻，而且对公众实在是提出了过分的要求。

正如人们所能指出的，在欧洲的“多图像文化”中，很早存在就着让观看者更为轻松的办法，即大量地加工处理那些被呈现的东西。一种非常有效的方式是所谓的悬饰 (Pendant-Hängung)(图 4)。它不仅是用对称来强调秩序，而且是在所展示的艺术作品之间构建出有等级差异的价值区分。借助中轴线而单独呈现的作品是尤为重要的；而旁边被对称划分的那一部分作品则应该是互相可比照的。通过这种呈现方式，艺术同时成为了审美价值判断的对象。

在我的《超越图像——超图像的艺术史》一书中，我从理论上并且

图 3 迈阿密海滩巴塞尔艺术展，展厅全景，2015 年

图 4　柏林博德博物馆文艺复兴艺术作品展，1919—1933 年

借助种种案例考察了多图像之同时呈现这一现象。[1] 对此，我类比英语中著名的概念“超文本”（hypertext）而塑造了“超图像”（hyperimage）这个概念。早在因特网被发明以及“超文本”概念被传播以前，在欧洲就有了一种“超图像”的文化，即多图像间被计算好的互相协调。现在，我想更进一步。本篇文章所选择的案例不再是一种“超图像”，不再是不同作者摆在墙上的多个作品之间的互相协调，而是多种媒体在一件复杂作品之中的互相协调，对之负责的是也仅是一位艺术家。

如今，谁若参观一个艺术博览会或者艺术展就会发现，传统的展出规则几乎不再发挥作用。这导致的结果是，艺术家为了能宣称胜过所有

1　菲力克斯·图勒曼：《超越图像——超图像的艺术史》，芬克出版社，2013 年。英译本于 2019 年以《超越图像》为名由洛杉矶盖蒂出版社出版。

别的艺术家而发展不同的“注意力策略”。

在我看来，以下三个是最重要的：策略一，用被指明的题材去挑逗注意力（例如杰夫·昆斯［Jeff Koons］和达米安·赫斯特［Damian Hirst］即精于此道）。策略二，利用画廊的资金支持尽可能地去创造伟大的作品，使之不会被公众忽视。策略三，去创作复杂的、自成一体的“艺术的宇宙”，不依赖于展览的背景脉络，并且对于观看者有所要求，需要一定的时间来进行专门的解释。黑特·史德耶尔的出场在圣保罗和明斯特就采取了这最后一种策略，也因此获得了成功。人们可以把她的工作视为一种“装置”。艺术家自己用的则是“视频装置”和“多媒体环境”这样的名称。“环境”（environment）这个英语里的概念所表达的想法是，人们处在这个作品中时，能够且应该像“沉浸”在一个小型的、自治的世界中一样。

二 部 件

史德耶尔的作品是由很多种部件共同组成的，主体的部分是由金属隔板和架子构造出来的一种建筑布局（图 5）。[1] 这个建筑物让人想起现在一种受年轻人欢迎的运动，即所谓“跑酷”，就是仅仅用身体的力量在尽可能短的时间内跨越各种设置好的障碍物。跑酷装置的墙壁上安装

1 这里的照片展示的主要是如下形式的作品，即接续着“明斯特雕塑展”、在巴塞尔当代艺术博物馆作为“玛莎·罗丝勒（Martha Rosler）与黑特·史德耶尔——战争游戏展”（2018.5.5—2019.1.20）的组成部分而展出的作品。

图 5　黑特·史德耶尔，视频装置“Hell Yeah We Fuck Die”，2017 年（巴塞尔当代艺术博物馆展出版本的局部图）

着三块平面显示器，两块是水平的，一块是垂直的，此外还有四个黑色小音箱。三个显示器循环播放一段 4 分 30 秒的视频。三个显示器上展示的内容在本质上是一样的，但是有着微小的变化并且有时是互有延时的。而扬声器里播放的高科技舞曲风的音乐则听起来是专门为这个作品所作的。音乐像一块均质的地毯一样覆盖着一切。下文中我将不会就音乐做进一步的讨论。

放在显示器之前并与之平行的，是用混凝土做的特效字母和用白色霓虹灯搭成的长凳（图 6）。人们因此可以区分出两个建筑体：其一是跑酷装置，在这个位置展出的是三次播放着的视频；另一个是字母长凳，即接收信息的位置。每个人都能辨认出字母在灯的后面，它占据着一个位置。字母充当的是座位，是由五个英文字母构成的图像，分别是最近十年来的

图 6　黑特 · 史德耶尔，视频装置“Hell Yeah We Fuck Die”，2017 年（明斯特雕塑展展出版本的局部图）

流行音乐的文本中最常用到的词：HELL、YEAH、WE、FUCK、DIE。这个字母序列也是视频的标题，并且根据墙上的解说词，它同时也是整个作品的标题。整个词语序列能够被读成一句表现力很强的英语句子。这个句子具有含义，尽管它无非只是一个纯粹的量化统计的结果，而且是符合出现频度的一个自动排序。这个词语序列也能被理解为时代情绪的表达。因而可以这样来翻译：“没错，我们他妈的性交，我们他妈的死了。”

靠近跑酷和显示器装置的是两个构造相同、用钢和蓝色泡沫塑料制成的雕塑，其样子让人想到恐龙，其中大的一个是倒着的，旁边立着一个小的，小的向下看着那个大的（图 7）。[1] 最后，与三个平行摆放的显示器有一段距离的是一个更大的视频作品，黑特 · 史德耶尔在 2016 年已

1　在 2016 年的圣保罗双年展中这两个形象还不属于这个装置。

图 7　黑特·史德耶尔，视频装置“Hell Yeah We Fuck Die”，2017 年（巴塞尔当代艺术博物馆展出版本的局部图）

经以《今天的机器人》为名展出了这个视频作品。我不会进一步深入讨论这个嵌入在新作中的旧作，然而它同样服务于“机器人”这个主题。

三　机器人的话题

机器人是什么？我建议给出的定义是：“机器人是代人类。它是人类所制造的人工的、常常表现出与人相似的样态的物种。（人们所说的‘人型机器人’）这种机械人类可能在接受和执行任务时展现出比人类更优越的个别的（按照趋势则是所有的）能力。”这意味着，伴随机器人的发展，引出了关于机器人的绝对可靠性的问题，作为主宰者的人类与人工制造的对象——屈服于人的造物——分道扬镳。史德耶尔的作品也提出了这个问题，我们能在她的作品中发现动物和人之间的绝对分离。

视频由两类图像材料组成的。一部分是来自网络的既有影像材料（found-footage），其中表现了各种活跃的跨国公司所推出的先进机器人，片子中正在测试这些机器人的反应能力。另一部分是根据黑特·史德耶尔的指示所制作的数码动画。这里出现的形象有所区别地呼应着宣传视频中展示的机器人，其图形略有变化，并且通过其行为而进行滑稽的模仿。数码设计的形象在棋盘形的图案上运动着，这些图案能被渲染成不同的颜色：灰色、红色、蓝色或者黄色。在新完成的视频部分中播放着一些英语句子，这些句子来自那些在既有影像中的叫卖产品的公司的宣传材料。这些引语构建了一套意识形态，这套意识形态推动着开发者，或者说这些引语是那些公司为了卖出自己的产品而喊的口号。因此，根据第一个在视频中出现的句子"在今天，发展机器人是为了把人类从灾难中拯救出来"，机器人在这里明确地被理解为人类所创造的物种，它在特定的情况下是比人更优越的。

倘若我一定要去尝试刻画史德耶尔的作品"Hell Yeah We Fuck Die"，我将构建起如下论题：这一视频装置是这样的作品，它把机器人带入了我们的世界，使得人工的手段得以彻底化，这一点带来的是绝对的不可靠性的特征，并且它拷问了技术依赖的社会的"可靠性"。这一点一再地出现在视频中，因而这个作品体现的是一种反思和自我批判的模式。

在史德耶尔新创作的动画模拟中，记录了来自机器人公司宣传视频的个别动机，并与之产生了间离效果。在既有的影像材料中，作为主导动机出现的场景是，人类为了考察机器人的抗阻性和稳定性而用棍棒、球和踩踏的方式来敲打机器人，借此攻击那些用不同方式造出来的机器人（图8）。此外，艺术家还选择了这样一个场景，在其中机器人失灵了，它们站在一扇打开的门前，并且突然都一齐失灵了。但是也存在另一个场景，更多的机器人彼此协调地跳着一支欢快的舞蹈。

图8 黑特·史德耶尔，视频装置“Hell Yeah We Fuck Die”，2017年，视频截图

四 重复与批判性的变形

与来自既有影像材料中的场景相邻的是一些艺术家草拟的动画。视频中的这一新元素同时是那些既有影像材料的重复和变形。在此，机器人的外观和行为按照不同的方向发生了改变。如此一来，就像在既有影像材料的场景中一样，在艺术家新创作的动画中描述了类似的攻击行为，然而这一次人类也可能是牺牲者（图9）。

图 9　黑特 · 史德耶尔，视频装置“Hell Yeah We Fuck Die”，2017 年，视频截图

发生在前面材料中的最重要的变形在于，类人的机器人转化成了类动物的物种（让人想到了恐龙）（图 10）。就这一转变的创作来说，艺术家将之与开发实验室中的一句话联系了起来，这句话同样出现在视频中：“我们的系统可以适应带有不同维度或者不同本质特征的个性。”

在史德耶尔的作品中，被测试的并不只有机器人，而且那些类人的图形也是被敲打的牺牲品或者是从天空坠落的对象。并且，数码模拟出来的恐龙是被攻击的目标，这表明人化的机器人相对而言是更具抵抗性的。我的论题是：与既有影像材料中描绘的机器人开发实验室所进行的测试相对立的是，这一新创作的视频动画中所发生的转化具有一种批判性的功能。对史德耶尔而言，既有影像材料中表现出来的人与机器人的攻击行为的对比，是从根本上去追问人与机器关系的未来形式的出发点。出现在视频中的数码模拟部分的人类相对于机器人常常是处于下风的，确切地说，这些

图 10　黑特 · 史德耶尔，视频装置“Hell Yeah We Fuck Die”，2017 年，视频截图

机器人具有的是恐龙的形象和外观。虽然我们知道，恐龙早在 6 000 万年前就灭绝了，因为它们无法适应变化了的环境条件。但这对人类来说只是一种无力的安慰。虽然在史德耶尔那里，机器人具有的是恐龙的形象，恐龙—机器人也再一次灭亡了，但是显而易见，它们取代了人。

五　回到环境中

毫无疑问，这个由既有影像材料及其批判性的动画所共同组成的视频乃是黑特 · 史德耶尔作品的核心。但是这个视频呈现在特殊的建筑—雕塑环境中。这一点为接受这个作品提供了主题框架。这个视频装置是朝向那个跑酷建筑的。它所讲述的主题是活力，是人的有限的能力。跑酷装置指的是跑酷运动，即一种源头要追溯到法国军队的灵活性练习。

因此，就环境而言，这个装置的主题要被记录为“战斗性的斗争”。这个视频应该在这一框架下被认识。

令人意外的恰恰是作品的标题，就是那个用混凝土一霓虹灯做成的字母长凳，它并没有直接与机器人的主题相联系（图6）。然而，“Hell Yeah We Fuck Die”这个字母序列组合的五个概念能够被理解为时代精神的写照，这五个概念在时代精神中是支配性的。这个字母长凳是这样一个位置——当被观察者占据的时候——从这个位置出发，观察者就感知到了这个充当着对当前时代的批判性反思的视频。

最后要讨论的是倒立着的大恐龙和站在它旁边、望着它的脚底的小恐龙，二者都是用金属管和蓝色泡沫塑料做成的雕塑。这两个被展出的恐龙雕塑之间的相互关系就像人类一样：小恐龙似乎在为脚下的大恐龙的死而哭泣。艺术家把机器人同化为生活在人类世以前的动物，这显然是在暗示一种将要到来的、重新没有人的时代，这就是后人类世。在这个世代，机器人占据了人的位置，并且作为唯一的物种而幸存。人类在这个全新的、“更好的”世界中是没有位置的，因为人所创造出的机器人是比人更优越的。

黑特·史德耶尔作品中的雕塑元素和建筑元素所塑造的不仅仅是展示视频的框架。这两个要素能够以静态、直观的方式凝练地陈述视频中的论断。相对于动态的视频来说，不动的元素——跑酷建筑、字母长凳和两座雕塑——的优点在于，它既能保存为相片，又能以起回忆作用的方式被认识。如果我们想回忆起黑特·史德耶尔的作品，我们最好是拿出这个装置的相片。从“静态的直观性”方面来看，展示一种视频装置要比展示一个纯粹的视频更有好处。史德耶尔有意识保持的东西首先就是装置的图像。虽然人们只能去体验而不是描摹多部件作品的复杂性，但就人们对这一视频的接受来看，人们能够就视频所表达的论断给出视觉上的总结。这两个在明斯特才追加展出的恐龙雕塑是基于伪-人类的外观和类人的行为而创作的，作品的“意义”能够被描绘为记忆中的图像。它让我们回想起视频中的主要角色即机器人的动作，以及回想起艺术家创作的数码造物所进行的滑稽模仿。

三种理论地形中的三种形象：基弗遭遇中国当代艺术界

陆兴华

我们仍像在努力止血那样地形成一个自己的当代，但总在下一刻就又被捅破。这个“当代”总是无法结痂。这三十年的中国当代艺术的地形的叠加，在不同阶段之间的漂移和流变，使得一种线性的艺术史叙述显得很无理、很干瘪。当然，我们在研究中可以去描述某个时段的地貌，所谓 topography 式的描述，但那也只是我们的描述，只是其中的某一岩层积累。

本文认为，这三十多年的艺术史是由几个地形叠加而成。对这一段艺术史的描述必须动用地形学和拓扑学的眼光。这样，一个经历几个时代和几个地形的中国当代艺术家的当前位置，是拓扑式（topological）的，也就是说，其个人命运是可被各处搭接的，是多系统叠加的结果。很多有故事的艺术家们受不了这种在自己身上的几个时代的叠加。比如，站在 2018 年，张晓刚就感到自己 1993 年前后在国内外的“政治波普第一人”这一形象，放在今天就不大好看，于是就企图自己来修改这种位置，说他开始就是对政治波普不很当真的，他其实一直忠诚于的还是现代主义之后的西方绘画传统。[1]但是，站在今天的人类世视野里，张晓刚的这一2014年的自我修正，他的这种现代主义式形象，难道就可辩护？为什么他不能容忍自己在不同地形里有不同的形象？他在2018年企图来给自己补出一个更好看的形象，这一举动本身是对他自己有害的。如果说张晓刚是同时处于三种以上的中国当代艺术的地形中的，有三种以上的命运，他与自己的过去和与同道的艺术家们在今天的聚首也是拓扑式的，这其实给他解决了大麻烦，也治好了艺术史写作中的一个很大的毛病，也就是帮他逃开了人们对于艺术家的那一递归式、剃刀式的艺术史归宗。

这样来看，一个德国艺术家，如对中国当代艺术影响深远的基弗，其与某个中国当代艺术家或中国当代艺术的邂逅或遭遇，如与艺术家许江、与央美美术馆、与2018年的中国当代艺术的理论地形的交集，也都应被看作拓扑式的，会在几种地形里落下不同的命运和形象。本文力图描述基弗过去三十年里在这些不同的地形中与中国当代艺术家和中国当代艺术的遭遇，通过描述基弗在其中的三种中国命运，来帮助中国当代艺术界理解自己内部的地形变换，帮助艺术家来理解自己在其中的命运展现。具体将这样展开：描述三十年中国当代艺术的三个主要地形；描述艺术家基弗三次遭遇中国当代艺术时留下的三种命运：精神命运、市场命运和理论命运；描述基弗和中国当代艺术家们必须面对的新的地

1　张晓刚：《想当卡夫卡却被当成沃霍尔》，参见http：//art.people.com.cn/n/2014/0716/c206244-25290161.html。

形和新的命运：如何在人类世里学习做一个总体艺术家？或者说，人类世里，艺术行动须是怎样的一种关怀？

一　过去三十年的中国当代艺术的三种地形

如我们习惯描述的那样，从1985年发端的中国当代艺术，在1993年后全面将自己接入了全球化过程，通过国内外的双年展来进一步自我定位、自我提升和自我规范。当代艺术成为全球艺术在中国艺术界的一种“普通话”。而从2015年前后开始，艺术家们对于气候危机和人类世的关注，使他们的工作开始漂移。中国当代艺术的工作平台开始延伸，其艺术实践被重新搅拌。

这三种地形今天仍然叠加着。我们现在来描述这三种地形的特征。

1. 1985年之后的中国当代艺术以后-不同政见式、后-冷战、个人英雄主义、存在主义式姿态，拉开了序幕。基弗的关于苦难记忆、历史反思和诗性希望等的创作母题和其总体艺术家姿态，成为中国当代艺术家当时突出的模仿对象。而那段时间的中国当代艺术实践有以下主要特征：

新自由主义式地反思“文革”：强调集体记忆、集体压迫、性压抑后果等；

存在主义式地反思艺术家个体命运；

个人英雄主义式地表达对家国命运的关怀；

对社会主义现实主义的反感；

波普方法；

反讽或玩世式、现实主义式地表达对于现实的反抗。

2. 从 1993 年始，张颂仁和栗宪庭一起在香港为中国当代艺术呐喊。自 1995 年开始，张颂仁便带领中国艺术家们进入西方主流艺术展览系统参展。威尼斯双年展、圣保罗双年展等国际性的展览平台上，来自中国的作品与全世界的艺术家一起参与到全球当代艺术史的发生之中。可以说，自 1993 年的威尼斯双年展开始，中国当代艺术界进入了它的全球化命运，也打开了它在国内外的市场命运。

而基弗在 2016 年 11 月中央美术学院美术馆的回顾展，就是撞在这个阶段的末尾。这个中国当代艺术的第二地形有以下特征：

艺术家个人有了艺术史意识和被收藏意识；

1995 至 2008 年的疯狂的绘画市场给人的错觉；

艺术家的劳动分工的细化和竞争；

来自画廊制度的对艺术家的规训；

成功艺术家们的拍卖压力；

艺术对资本和市场的抵抗，通过社会运动、田野工作和城市公共项目。

3. 同时，在过去三十年中，中国当代艺术界不光崇拜和引入了像基弗这样的伟大艺术家，其生产和展览也受到中国当代艺术界对同时代的欧美的艺术理论生产的进口过程的影响。而且由于艺术理论来源的不同，好几层理论地形叠加在一起。一个像基弗这样的外国艺术家在不同时段与中国当代艺术家或当代艺术界的交集，因此也遭遇了不同的理论命运：被前后矛盾地阐释。这一阶段的中国当代艺术的理论地形大致有这么几个岩层：

全球艺术史和当代艺术方法论：贝尔廷、格罗伊斯，等等；

法国影像一图像理论：德勒兹、朗西埃、于贝尔曼，等等；

英美的艺术史理论：格林伯格至丹托至《十月》派批评家；毕肖普与布依约之间参与式艺术与关系美学式的理论对立，至今天仍在分裂中国的当代艺术界的集体意识；

人类世里的艺术：史罗德戴克一拉图尔、斯蒂格勒的艺术一逆熵理论；

思辨实在论和以物为导向的本体论美学；

来自人类学的德斯科拉、德·卡斯特罗、科恩等人的新本体论。

基于以上，本文认为，基弗与中国当代艺术的遭遇是分别在三种不同的地形上，有三种不同的命运，留下了三种不同的形象。

二　基弗在中国当代艺术的三种地形中的三种命运

1. 总体艺术家的政治命运成为创作素材

后-冷战和后-不同政见式的中国当代艺术发端于1985至1993年的政治波普和玩世现实主义表达。张晓刚、王广义们在画政治波普作品的同时，也读尼采、卡夫卡和萨特，其实一直都想要做存在主义式艺术家。基弗自然就是他们的榜样。艺术家许江当时去德国学习，也是一头就撞到了基弗上。这些相遇可以说是致命的，其撞击路线像彗星轨道那样难以改变。

基弗对“二战”和纳粹法西斯政治的反思，对于死亡的表现主义式升华，与巴塔耶和策兰这样的哲学家和诗人的对话，都为当时的中国当代艺术家反思“文革”、知青命运、原乡情怀和传统大家庭的悲剧，提供了非常主体主义的认识角度和表达位置。说基弗是其时的中国当代艺术的教练也是不过分的。

以至于有很多批评艺术家许江的艺术表达方式的人就认为，他想学基弗而学不像。真的是这样吗？我们看到，批评者自己其实也早已将基弗当作了某种标本、某种榜样。其实，你要整体地来说这个时段里的中国当代艺术与西方的当代艺术处于一种“学不像”的关系里，也不会有大错。要探讨的倒是：为什么一定会、不可避免地会这样？这难道只是模仿得不好的问题吗？

一位批评者这样来说基弗与许江：

> 画面上，为了强调土地的纹理，基弗在红色、焦黄与黑色中掺入稻草。众所周知，稻草是一种会自然腐烂的材料，这就隐喻着纳粹的命运和消逝的时间，同时也展现出一种破坏性的美丽——它是对人类自身的审视，也是对艺术的一种纪念。在这件作品中，基弗告诉我们，即使环境充满暴力，即使世界在悲痛中沉浮，艺术仍然要生存下去。基弗正是以不懈的努力表达他的愿望和希冀，无论人类的行为多么愚蠢和卑鄙，艺术都会永远存在，并且创造美丽。[1]

---

1 匿名作者：《除了山寨，我们还能继承什么？——安塞姆·基弗与许江的葵》，2015年12月11日。参见 https://blog.artron.net/space-892399-do-blog-id-1320673.html。

这是在强迫基弗讲中国人要他讲的故事。但我们知道，中国当代艺术界在当时就需要基弗的这种讲故事的模块。而基弗提供的这些叙述模块，恰恰也是与中国当时思想界和知识界的反思最配套的。这真是巧合！当时的中国当代艺术家是将基弗这样的表达模式当作达标线来用的，包括许江对基弗的借用，也是朝着这个方向的：必须坚定不移地走基弗这个路线，后面那就看着办。所以，下面的常见的对许江对基弗的借用的攻击，听上去是对的，却也没有考虑到许江那一代人在当时的那种向西方学习的急切和果决，因而是不公的：

> 这样的观念和手法被聪明的中国人照搬过来使用，如许江作品《葵》系列，改变一点叙述，加入神圣的中国文化，改变一点构图，《葵》就产生了！然而在基弗作品里，向日葵是理所当然地存在于他的装置场景里的（二人作品对比）。没有中国文化，没有现代主义，没有美国抽象派的构图抄袭。他仅仅代表着战争的记忆，并且蕴含着战争后的生命力。[1]

囿于当时的理论实践的眼光，在中国当代艺术界里，人们就认为基弗这样的总体艺术家是自己要奋斗的目标，先描红了再说。而哪怕在今天看，这又有啥大问题呢？

如果基弗如很多论者说的那样，是瓦格纳主义者，他创作的是总

1　匿名作者：《除了山寨，我们还能继承什么？——安塞姆·基弗与许江的葵》。

体艺术作品，他也是一个总体艺术家，那么，对于很多中国艺术家而言，他是一个让其他人也能成为艺术家的艺术家。他几乎可以说是那一时代的中国当代艺术家的主要策展人。他感召了一大批像许江这样的艺术家。

根据瓦格纳，总体艺术家不光用总体艺术品去表达时代，更是将自己的时代当作大数据，做进他自己的总体艺术作品之中。他要导演出我们时代需要的新的集体神话。而让谁来做这一总体艺术作品的未来艺术家？诗人？谁是诗人？在基弗手上，那么多的诗人和哲学家露出了脸。也无疑将是表演者？谁是表演者？必然是所有艺术家团结在一起，共同成为未来艺术家？因此需要一个总导演，她或他，就是策展人。

做总体艺术作品会使艺术家从一个自我中心主义者变成一个共产主义者。作为总体艺术家的策展人为更广大的爱而活、而献身。“总体艺术作品”是他自己的献身装置。许诺成为艺术家的人，成为这个总体艺术作品里的专制者—表演者，其他演员都是因为他、因为他的要死要活，而分得一个角色，沾到了光。这个总体艺术作品中的专制者—表演者位置，就是“策展人”。总体作品策展人，成为艺术家追求的目标。像瓦格纳作品的表演所要求的那样，围着这个总体艺术作品来表演的人，往往是一个“艺术集体”。在20世纪60年代，有沃霍尔的“工厂”，有德波的“情境主义国际”，等等。在今天的各种双年展里，我们看到了各种“另搞”的策展计划。用这一总体艺术家的形象来描述基弗在中国当代艺术家心目中的形象，显然能帮我们避开对于基弗及其中国模仿者的很多非议。

将基弗定位成总体艺术家，把他的作品集合为一个总体艺术作品，这也是2016年的央美美术馆的基弗回顾展策展团队对他的总体把握。这个展览强调，基弗“绘画、雕塑、装置、摄影的每一种类型都超越其本身的固有形态”。他的作品无论从体量上还是从主题上讲，都“具有史诗般的特质”。策展团队还认为，他“直面德国历史中曾经的黑暗，挖掘隐藏在集体回忆中的禁忌，并将它们与日耳曼式的神话、宇宙观以及对信仰本质的深入思考交织在一起”，他拥有“同时把握强烈情感因素与严肃主题的非凡能力”。[1]

另外，在这个策展团队看来，基弗的“宏大、壮阔、凝重的空间场域”，也具有强大的视觉力量。除了尺幅庞大之外，这种力量，很大程度上来自“作品材料中对‘物性’的借用、转换和表达”。“铅、钢铁、泥土、水泥、水、灰烬、感光乳剂、石头、柏油、塑料、树枝、干花、麦秆、纸片、照片，等等，都参与到作品的建构之中。”[2]

但也正是这一央美美术馆的“回顾展”在中国当代艺术界将基弗拖入了巨大的争议之中，也使他在中国的光鲜形象产生了缝隙。

2. 总体艺术家与艺术市场中的作者权

1993至2015年是中国当代艺术急步走向全球化的阶段。这时，基弗仍是中国当代艺术家们的精神领袖之一，但已面临着新挑战。最醒目的那一次遭遇，就是他不承认且拒绝到场的央美美术馆的“回顾展”。

1　参见 https：//baijiahao.baidu.com/s?id=1559178257768997&wfr=spider&for=pc。

2　参见 https：//www.douban.com/event/27791258/。

本文将这一不愉快的事件看作基弗作为总体艺术家在其背后被市场命运牵连后形成的“市场命运”的一个缩影。

他被中国当代艺术界当成一个总体艺术家，但同时又需要为自己和他的主要买家们捍卫作者权、名誉权，并为自己的市场利益做出各种妥协，这就损害了他作为一个总体艺术家的形象。这也反映了当代艺术背后的新自由主义思想的本质局限。在市场经济里，总体艺术家如何立脚？如何做出“总体”关怀？

而哪怕到了这个时候，中国当代艺术界的大多数人还是站在基弗这一方。比如，下面这个立场在当时就很典型：

> 这并不是一个回顾展，而是一个私人藏家的藏品展，那自然没有问题。但是，我们回过头去看中央美术学院美术馆和中央美术学院两个最重要的官微，上面明明清清楚楚地写着“大型回顾展”这五个字！[1]

很多艺术家还担心基弗的声誉被这样一场展览搞坏，因为他们认为央美美术馆的基弗展览规格不够高，处理得也不够专业：

> 展览堂而皇之地取名为“基弗在中国”，到底是哪一个基弗在中国呢？一个被收藏的基弗？一个被想象的基弗？还是某些人钱袋

1 《各方纷说“基弗事件”》，Art-Ba-Ba 网站综合新闻稿，参见 http：//www.art-ba-ba.com/main/main.art?forumId=8&lang=zh。

子里的基弗？

基弗自己是这样理解自己的著作权和作者权的，他在对这一事件发表的声明中说道：

> 在我的绘画生涯中，所有重要的国际性展览我都会深入参与。这是一个极大的遗憾和疑惑：我在中国的首个个展的组织者们显然把我排除在外。

基弗否认自己支持这个展览，并写信给组织者们澄清自己的立场，并"要求取消展览"。这个要求取消展览的指示，使很多中国当代艺术艺术家对基弗失望了。而基弗是意识到会有这种失望的，所以他还补充说：

> 中国的观众对我来说是非常重要的，我也很期待很快可以在中国举办我的大型回顾展。但是，这次的展览，我无论如何不能同意，而且肯定不会参与或出席。[1]

但他的这个解释自我矛盾。对于总体艺术家的形象而言，这似乎是减分的。

---

1 《各方纷说"基弗事件"》。

而有趣的是，央美美术馆就是希望用基弗这样的大牌艺术家来包装自己。央美美术馆的时任馆长王璜生在国外参观时曾在自己的微博上这样感慨：

> 中国的美术馆没有自己的美术史描述和陈列！没能见到经典作品！没有强大的藏品体系和资金、政策、社会支持！没有美术馆的专业道德和规范标准！没有公众自觉参与和文化认同感！没有国家专业性可执行政策！总之中国没有美术馆文化！

黄璜生是想要将基弗作品当作创作的教科书来展示的。他显然认为，中国需要这样的由美术馆主导的艺术史组装。在他看来，正是总体艺术家与艺术史的加封，才能使一个中国美术馆有权威。看上去，中国这么需要基弗这样的艺术家，是因为他自带艺术史。但我们在未来还需要这样的总体艺术家吗？或者说，人人将都必须是总体艺术家，人人都仍必须是以基弗为榜样？

中国艺术家徐累当时相对清醒地评论了这个回顾展：

> 活着就有用，死了没用。物权归藏家，版权归艺术家，既然以艺术家名义展，艺术家有冠名权。央美本意是好的。[1]

1 《各方纷说“基弗事件”》。

他开始偏离对基弗的忠诚而倒向美术馆了。但仍有艺术家咬定基弗有不可动摇的总体艺术家地位，如艺术家岛子说：

基弗的声明极有张力，展览并非展览作品。

基弗的重要性在于：持续追问艺术与存在（的哲学意义）问题，人类是否面临一个即将到来的史诗般程度的灾难？信仰和精神在当代能否被表达？所谓全球化，似乎审美、资本、娱乐和宣传之间的界线已经不复存在，那么艺术家的道德责任又是什么？在传媒主义主宰的时代，如何保存记忆和历史？——尽管已经不多的历史哲学的反思性历史？在主体性死亡之后，艺术的精神支点在何处？[1]

她的意思是，只要艺术家关怀苦难、责任和诗意，就可以豁免其市场纠葛中的是非。艺术家周晓雯说：

艺术家还活着呢！不是在哪里展览的问题！一个在世艺术家的大型回顾展，没有艺术家的参与和认可，是不妥当的，也是不尊重的。看看蓬皮杜的展览和伦敦皇家艺术学院的展览，艺术家都对自己负责，更对喜爱他的观众负责。[2]

本文认为，总体艺术家的史诗般的艺术创造不应被市场力量左右，

1 《各方纷说“基弗事件”》。

2 同上。

可以有豁免权。但同时，周晓雯忘了提起，这是总体艺术家自己踏进了市场之水。

都说作者死了，但是，市场需要作者死了后又活过来。展览中，作者的位置、在作品中的位置，倒还是好处理的。但是，在市场中，其法人位置处理起来就很麻烦。动用法律？那就会很难看，会损害已成形的基弗的总体艺术家的形象。实际上，照目前的市场契约规则，参与买卖的画家无权利干预收藏家的展览。基弗也只能够以不参加开幕式来要挟。买画，是收购画家的欲望，藏家所以展示他对画家的欲望的欲望，来体验主人的位置，不能如此，他们当初为什么要付款？在这一关系里，艺术家把收藏家拉到合伙人的位置上，就损害了其总体艺术家的关怀的纯洁性。这里反映出了基弗作为一个新自由主义时代的总体艺术家陷入作品、著作权和展示权之纠纷中的尴尬。

当代艺术深受晚期自由主义意识形态的拖累，越来越暴露出像基弗身上的这些症状。像基弗这样代表一个时代的艺术家既要历史责任感、记忆、希望，又要去捍卫自己的市场与作者权，来运行自己的个人品牌，这必然会时不时走向自我矛盾。总体艺术家这一主体位置在新自由主义世界里几乎是不可能的，基弗自己应该感受到了这一后果。

不过，在今天，中国的当代艺术界已进入一块全新的理论地形：关于作者位置、关于物和作品的本体论地位、关于作者权和新自由主义与生俱来的生物式地质本体权力（geontopower）等的话语，与关于记忆、责任和关怀的话语并行，百花齐放，当代艺术的理论地形呈现为各种话语的争胜状态。原来基弗所处的那种理论叙述框架，在今天对他而言是无效甚至不安全的了。

那么，我们今天是在什么理论地形上来拿捏基弗的呢？

3. 基弗在中国当代艺术的第三种地形中的理论命运

基弗在中国当代艺术界遭遇的第三重挑战，来自中国当代艺术界内的地形的急剧改变。在2013年的“Gilford大地政治”演讲第三讲的开头，拉图尔挑衅式地指出了今天的当代艺术内的一条像马里亚纳海沟那样深深的分野：

> 2012年11月23日，萨拉切诺（Tomás Saraceno）在米兰的“在时间、空间的泡沫上”这一展览，与在德国同时开展的基弗的名叫“七座天塔”的展览形成了鲜明的对比。基弗还是老一套，表达了20世纪的悲剧，主题仍然是关于怀旧、悲剧、毁灭和失去。而萨拉切诺表达的是一种未来的悲剧：人们在泡沫塑料纸上拼命想找到一块能立脚的地儿，但每一步的寻找，同时也牵动了他们自己的过去和未来的脚步。萨拉切诺的展览在向我们指出，今天的我们同时失去了科学和土壤；而科学也正在同时失去土壤和人民，而人民有土壤，却正在失去科学。那么，如何重新将人民、科学和土壤（大地）这三者重新拉到一起？这同时是政治和科学、艺术的大问题了。[1]

1 http：//www.bruno-latour.fr/sites/default/files/130-VANCOUVER-RJE-14pdf.pdf.

拉图尔指出了萨拉切诺与基弗之间的那一范式转换。他说，基弗的“内容术”“主题学”“猜题”“押题术”已经是有问题的了。萨拉切诺的方法论才应该是艺术的最新版操作软件：“将人民、科学和土壤这三者重新拉到一起。”在拉图尔看来，这本来就应该是艺术的本位，也许是我们之前做艺术时太被捆住手脚了，要在今天这样的气候危机、大地崩裂后，我们才又想要使艺术回归原位。从现在开始，艺术家都必须像萨拉切诺那样，将政治、科学和艺术做到一起，重新拉队伍，去建立一个新的共同世界。政治生态学必须将人和自然搅拌到一起，艺术将是新的大地垦殖术。我们将用艺术去找到新的大地之法（nomos）。

在 2009 年的威尼斯双年展上，萨拉切诺的作品向我们展示了“人类世”里的人的构筑所下的全部赌注。在主馆的一整间展厅里，《细丝上的星系，如挂在蜘蛛网垂丝上的水珠》由一系列被精心部署的弹性连接器来部署，形成无数个网络和球体。如晃动一下弹性连接器（这是被严格禁止的），你的动作就会经由网络的链接和节点，迅速被反射。但球体所反射的速度就要慢得多。萨拉切诺的这一艺术工程学作品向我们揭示：当连接点的数量倍增、位置靠得足够近时，它们将会慢慢从网络转变为球体。他摆出了这样一种简单的哲学：一块布是编织精美的网络，从一根线到另一根线的过渡有多清晰，将取决于缝制的密度。萨拉切诺在主空间展出的这个“不言而喻”的事实，恰恰要去解释下面这一点：在这个人类世里，之前的那些我们习以为常的物质条件和人工条件其实有多么脆弱和珍贵，它们都不是可以被我们想当然的。[1] 像瓦格纳那样去

1　Latour，“Saraceno’s Galaxies Forming along Filaments”，see http：//www.e-flux.com/journal/23/67790/some-experiments-in-art-and-politics/.

演瓦格纳，你必须一个人关照到底，必须拉自己的队伍，从自己的帐篷出发，去与更大的队伍汇合。

在这种新本体论下，我们就可以开始讨论人类世中的中国当代艺术的新的理论地形了。让我们先来列举在人类世成为我们的新帐篷时我们所需要的、由当代思想家提出的一些新的本体论：

拉图尔的政治本体论和史罗德戴克的球学；

思辨实在论和以物为导向的本体论对物和物性的重新敲定；

各种新本本论：德斯科拉的自然与文化之外的（森林里的）本体论，德·卡斯特罗的角度主义（perspectivism），科恩的生态符号学。

而在这第三种地形中，新的当代艺术理论、新的图像学和新的美学思想已在中国当代艺术界生了根。本文将择要评论下面两种典型的艺术理论，来探测基弗在今天的中国当代艺术界会遭遇的新的理论地形：

于贝尔曼的反艺术史、反图像学的图像理论；

哈曼的思辨实在论或以物为导向的本体论之美学主张。

于贝尔曼对瓦尔堡的《记忆女神图谱》的重释，标志着其与潘诺夫斯基的人文科学式的图像学和艺术史的决裂，也就是与今天流行的艺术史式写作的决裂。他对本雅明和巴塔耶的图像理论的吸收和运用，正在开始影响中国当代艺术界的创作和展览的实践。作为德勒兹、福柯、朗西埃的同时代人，他为法国哲学和法国影像-图像理论、为今天的中国的艺术史和图像学领域的研究做了很好的榜样。基弗在今天的中国当代艺术界必然面临这样的理论新地形对于他的掣肘。

在《直面图像》中，于贝尔曼要我们摆脱艺术史和图像学对我们的束缚，与艺术家一起面对图像和展览，通过观看者自己的图像工作来走向未来政治。在他看来，绘画并不是要向我们提供其实质性、其算法、其描述的世界的某一种表象。他认为，画就是供我们观众不断阐释用的框架！[1]

那么，什么是图像制作？ 他说，这是要“打开、打破某种东西，至少是要刻入、扭转”。做图像到底是要干什么？那是要“在所有的知识都会强加到我们头上的那个陷阱中挣扎和斗争，并且努力把这种挣扎和斗争的姿势做得像样，而姿势最终是无尽的”。而根据康德，“图像是网，有轮廓，是主体关押自己的箱子”。我们在图像前是“既思辨又视淫的！”图像“定义了我们自己作为认知主体的局限。我们正是想通过图像式自我捕捉来做知性反思，才进入图像，然后将如何出去？但是，还出得去吗？”[2] 这种完全反艺术史、反作者传记史、反社会性叙述的艺术理论态度，是很反基弗的理论态度。我们知道，基弗的方法论重心，是将绘画方法论扩展到其他媒材上，是绘画中心论的。瓦尔堡—于贝尔曼—本雅明—巴塔耶式的图像理论是强调了图像的个人中心论。

哈曼的以物为导向的本体论之美学强调反社会关系、反历史关联、反传记性，强调观众必须成为作品的构成部分。这也是一种非常反基弗的理论地形。思辨实在论或以物为对象的本体论式的艺术主张是：艺术作品必须独立，不光应脱离其社会和政治环境，必须脱离其物理布置和

1　Didi-Huberman，*Confronting Images*，trans. by John Goodman，the Pennsylvania State University Press，2005，235.

2　Ibid.，141.

商业交换价值，而且也必须脱离其他的无论何种物品。

在思辨实在论或以物为导向的本体论之美学看来，让关系高于物品，这是不能容忍的。必须突出物本身。哈曼认为，用社会的或政治的解释，并不能使艺术作品向我们提供更多的社会性或政治性知识，用传记或历史性的背景故事，也不能替艺术作品说话。哈曼这样指控海德格尔：每一个作品都被拖进那一隐藏的大地。[1] 艺术作品在他看来必须呈现不可捉摸的深度[illegible]或为作品的一部分的剧场性。

在哈曼看来[illegible]品成为待用的剧场，使作品总是等待被引用，而不是将它放进大地、放到一个坑里。海德格尔和格林伯格都将表面弄得太浅，而又使背景太深，艺术作品的形式太整体地被构想，内容也太随便了。

这是今天的中国当代艺术的最新理论地形里的两个很有代表性的方向，都对基弗的艺术方法论不利。论及这一点，本文只是想要强调，哪怕像基弗这样的总体艺术家，要在人类世里转型，也会遇到新的边界。在今天中国的当代艺术场地上，我们必须总是以“基弗 +1”的方式来接受他。这种在新地形里接受一个伟大的总体艺术家的方式，本文称作“艺术—小说”，也就是艺术家和他们的观众的一种用艺术去关怀人类世的操作平台。下文就展开对这一点的讨论。

---

1 Graham Harman，“Art Without Relations”，see https：//artreview.com/features/september_2014_graham_harman_relations/.

三　从基弗这样的总体艺术家走向萨拉切诺式的艺术—小说领主

人人都应该成为总体艺术家，都成为基弗。但是，面对大数据和关系人类的地质命运的生物圈或技术圈，艺术家及其观众对于工作的自我回收、其关怀的菜单、其展出的格式，必须形成一本艺术家或其观众个人的“艺术—小说”。将基弗放进这一新的地形，就涉及这一工作。

在艺术作品之上，再加上艺术家的个人生活，就构成一部“艺术—小说”。艺术家并没有他的艺术可单独拿出，只有他的“艺术—小说”可以拿出来示人。后者不仅仅包括艺术家的个人生涯，那不仅仅是艺术史中的某一个个人支流，而且也包括加在这些之上的艺术家个人的总体斗争，加上他在各种界面上的冒险，最后汇合成一个为艺术而战斗的个人命运的代数方程。[1] 艺术家想要留于这个世界上的、永久地展示于这世界之中的，就是这样一部“艺术—小说”。它不再仅仅停留在将一幅画留给美术馆或藏家，而是呈现出艺术家自己的全部功业，像留下一本个人《圣经》、一个美术馆一样。每一个人的“艺术—小说”将是比阿姆斯特丹的梵高美术馆更全面、更总体的艺术创造的个人起源、坟墓和美术馆。

在这里，小说不再是指具体的一部，而是指一种个人的艺术命运的部署格式。在这个意义上说，“艺术—小说”是艺术家的个人全部数据

1　Laruelle，*Philosophie non-standard*：*Générique*，*quantique*，*philo-fiction*，Kimé，2010，91–93，101.

的存档格式。

正是从这一意义上说，“艺术—小说”在今天是我们这个大数据时代里组织个人命运的更好的叙述方式，比世界-历史格式、比艺术史格式都要更恰当，也更全面、更负责。建立自己的“艺术—小说”，是在回改、修好一个砸碎的瓷花瓶那样的现实。一部新写好的“艺术—小说”应该是最新的关于这个人类世的一种联合理论。艺术家所经历的这个世界加上他们自己的命运和作品之后荡漾开来的那一部小说，就是“艺术—小说”。它在艺术家的奋斗过程中一次次地重新组织每一个艺术家的个人生涯。这对艺术、艺术史和美术馆的展、藏都将是严重的挑战。个人的“艺术—小说”算数？还是美术馆所生产的艺术史算数？

其实人人从来都在操持着一部自己的“艺术—小说”，现实加上虚构，把自己的生活的当前一刻弄得像《到灯塔去》里的女主人公的生活一样，但人们往往没意识到。应像《到灯塔去》的女主人公那样，像一把刀那样刺进一个小镇的平静的日常生活，以她自己的八卦来折射、分析和综合小镇里的一切。我们其实也是在这样将自己的生活当小说来改编的，只是还没反应过来。现实被我们这样写进了自己的小说之中。

同时，从个人的话语生产上说，人人都在写小说，一生只写一部像《圣经》那样的小说。世界，再加上个人不断在写出来的小说，就是个人的生态，是个人自己的精神生态。能改造和重建的，只是这一个人的“生态—小说”，不是那个外在的神学式的自然。个人不是活在世界中，而是活在他们自己的那一部“生态—小说”之中，这是拉怀勒的量子生态学的一个重要的认识。

人类世里，真正的生态将只是摄影底片状态里人、动物和植物之间的“民主”(取这个词的最古典的意义)状态。各种影响力量这样折中之后，最好的未来也可能只是：生态和民主同时实现。我们说的生态里，可能只有人、动物、植物和全体对象之间的“民主之善”。我们讲的民主，是要在这一善的状态里，给每一个物种一种它们自己专属的生态。展，在未来的大地政治里，将是给每一个物种平等的发声机会，形成拉图尔说的物的议会和物种的联合国。

每一个人都被展于这样的自己的生态之中，像在自拍中的“我”一样。那什么叫作我们都“处于小说之中”了？说我们处于一本小说里，是指：“在里面，作者与读者之间没有明显的分别了。作者和读者都成了主体—基督。”像圣经那样的“神秘—小说”是说，我们从此再也用不着被哲学、逻辑先验地决定了。[1]像在《黑客帝国》中，我们目前暂时处在情节的前三分之一处，刚寻找到我们的故事的线头，还吃不准这一开始是不是真的就是开始。“艺术—小说”的开头就是这样一种不确定状态：所有的道具、故事、人物都像是在游戏的开端那样，有待主人公去点开。而这也就是艺术家在自己的个人“艺术—小说”中所处的展示状态。这种展示是终极的，展厅内的展示是对它的抽样。

我们用不着到自己的“艺术—小说”之外探路。这世界是我的展，而我总被关在门外。比展览、画册和个人全集更大的，就是这一作为“艺术—小说”的艺术家的主体总体展示、其个人全集和纪念馆。

1　Laruelle，*Mystique non-philosophique à l’usage des contemporains*，L’Harmattan，2007，30.

从这种眼光看去，我们可以说，艺术家不只是在做作品，哲学家也不仅仅是在写文章，他们都是在做一部自己的、关于自己的“艺术—小说”“哲学—小说”或“理论—小说”，然后才不用借助于美术馆和集体或国家的艺术史，就能自我展示。

这样，搞和展艺术也都必须从我们每一个人的帐篷出发了。我们必须发明我们自己的《圣经》，像玄知者、新教派那样搞出我们自己的教会、教堂，来开始我们自己的布道，搞出自己的那一个区块，被后来者共同地承认。一切都要我们自己来发明、建立和开始（马拉美对现代艺术家实际上也是这样来要求的：重新来设计字母，重新来为人民安排节日，从头开始）。我们无法拿一部堂皇的艺术史当背景来展示我们的作品（在其中的位置）了。我们人人都是基督，必须为了自己的救赎，而主动先上十字架，再也等不到别人来救我们了。上十字架，也就是我们自己对自己的最终展示了。

在气候危机笼罩下的大地政治时代，我们脚下的大地正开始支离、破碎、崩解，各幸存团体正为如何幸存而打破了头，历史成为“大地故事”了。在这种状态下，艺术家开始自己创造自己的神话，自己创造自己的历史，自己背着大地到场。他们是引领我们的大地工匠。只有艺术家才能自编、自导、自演了。他们的总体作品，就是他们个人的那本“艺术—小说”。后者既像遥远的传说，又像一部个人《圣经》。艺术家企图自己开始搭建一个帐篷，从那里开始行动，不光光是为了民主、自由，不光为了做出好作品，不光是为了做出比别人好的作品，因为如何才更好，也是无法真正比较的。

展览是为了吸引人们往他那个帐篷靠拢，去观看和购买他的作品。他必须顶天立地，别人的传统、法律和《圣经》都帮不上他了。他是一个受困于岛上的主权者了。在新的大地上，开始搭建帐篷比给小说开一个头更难。这一开始搭帐篷的行为将吊销国家装置和所谓的世界主义共和国这样的古典前设。这将是像基督降临那样，去重新开始。这一像《黑客帝国》开头的状况，也就是我们每一个人自己的“艺术一小说”的开头了。

但是，“艺术一小说”既是搞和展艺术的平台，也是一种做出发明前的广撒网线的虚构。因为没有办法了，我们只能虚构和编造、捏造和发明了。就连发明的手段，也必须被发明了。“艺术一小说”就是艺术家对于自己的发明手段的发明。“艺术一小说”是一只发明箱。

以上我们通过讨论艺术家及其观众如何去构筑自己的“艺术一小说”，而顺便回答了在人类世里做艺术对我们意味着什么这一问题，也做了本文的最后立论：如何在我们的新的艺术工作中拔高基弗的创作姿态，使其对历史和人类苦难的关怀，被拔高到对人类世的关怀？

我们在中间做了这样一种概念转换工作：如何将英雄主义式的、半现代主义艺术家式的基弗的总体艺术作品，转换为人类世里艺术家甚至人人手里无条件为这个生物圈负责的一部“艺术一小说”？

关怀是很复杂的事情。在人类世里，我们更要问：如何将我们的关怀变宽？那就必须对我们自己的关怀也加以编目，方法就是：人人都是的艺术家在人类世里都建立自己的“艺术一小说”，将关怀技术圈一生物圈与做艺术这两件事很个人性地、总体性地、降临式地结合到一起。

在人类世里，基弗也必须建立他自己的“艺术—小说”。一个总体艺术家的当代的精神命运、市场命运、理论命运、大数据命运，只是对于他们的必要操练，是他们的“学习”的一部分。当代的编目手段正在迫使他们以“艺术—小说”作为自己的创作平台。基弗是中国当代艺术界的榜样，但在我们的人类世里的艺术圈内，他仍需被拔高，才能被我们所用。

至今为止的我们对基弗的定位，都是在其关怀内容和媒体运用方式上。今天的中国当代艺术家对他的借用，必须至少是“基弗 +1”。什么是那个“+1”呢？什么是“张晓刚 +1”和“王广义 +1”呢？那就是，将基弗、张晓刚和王广义们都做进我们每一个人自己的那一部“艺术—小说”之中，将他们当作我们个人自己的艺术工作中的一条重要编目，让他们成功地成为我们自己手里很得力的元数据，真正在我们对人类世和生物圈的关怀中起到作用。

图像与记忆的政治

——德国当代艺术中的记忆景观

夏开丰

从古希腊罗马开始，图像就与记忆联系在一起，记忆术发展了一套视觉的记忆文字，它由图像组成，人们把这种图像文字直接存入记忆之中，从而刺激想象、加强印象。这种能动意象对记忆术来说要比文字更重要，这归因于它们内在的记忆力量，正如阿斯曼所说，"图像不是根据它的爆发性的暗示力来'行动'，而是仅在它的起连接作用的、对记忆起支撑作用的功能框架之内"[1]。

图像的这种内在的记忆力量也是阿比·瓦尔堡的研究重点，图像对于瓦尔堡来说就是一种作为范式的记忆媒介，他称之为"情念"或"情念形式"，"它是一种情感体验的积淀，这种情感体验源自原始宗教态

1 阿莱达·阿斯曼:《回忆空间：文化记忆的形式和变迁》，潘璐译，北京大学出版社，2016年，第251页。

度”[1]。瓦尔堡对记忆的理解受到理查德·塞蒙（Richard Semon）的影响，塞蒙认为记忆是保存并传递物质世界所不知晓的能量的一种形式，保存在记忆痕迹中的潜在能量在适当条件下会被释放出来。同样，瓦尔堡认为图像每次重新出现都会唤醒原来在这个图像中所铭刻的情念，随着一个图像公式被重复唤醒，艺术家再次体验到图像所包含的“记忆能量”。而图像在记忆中发挥的就是“充电站”的功能，记忆在其中重新充上能量，当然能量也有可能发生颠倒：

> 古典艺术的动力图被留传给艺术家们，他们对其做出反应，进行模仿，或者将其铭记在心，那些动力图处于最大张力的状态，但是就被动或者主动的能量电荷而言却没有极性化。只有与新时代相接触才产生极性化。这种极性可以使它们对于古典时代所具有的意义发生根本性的逆转（颠倒）。[2]

不但如此，就像“记忆痕迹”在个人神经系统中所扮演的角色一样，图像在集体心理中代表了通过接触而产生的能量负荷。瓦尔堡在晚年全心投入一个叫“记忆女神”的计划，这是一组形象地图，他把这些图片固定在一块块屏板上，他会根据不同的主题重新安排它们的布局，他还写下了许多笔记，对屏板做了规划。要弄明白“记忆女神”究竟表现什么主题并非易事，不过他曾在引言中透露，这是古代冲动的回归、非理

1 E. H. 贡布里希：《瓦尔堡思想传记》，李本正译，商务印书馆，2018 年，第 273 页。
2 同上，第 284 页。

性恐惧的遗存，“它也赋予人类表现性运动的动力学一种离奇经历的特征”，是教会曾经试图压制的放荡的禁区。“记忆女神”试图图解这个过程，“它所关注的是在心理上为吸收这些先在的新造像将其用于对运动中的生命的描绘所做的努力”[1]。很明显，瓦尔堡所要强调的就是图像的集体记忆，它在记忆痕迹中潜伏，艺术家遏制这种力量，却又想办法保存那种赋予活力的触动，正如阿甘本所说：“如果我们思考瓦尔堡分配给图像的功能——作为社会记忆的器官和一种文化的精神张力的‘记忆痕迹’，我们就能够理解他的意思了：他的‘地图’是一种聚合了所有激活并持续激活欧洲记忆（以它的‘鬼魂’的形式）的能量流的巨大电容器。”[2]在此，我想补充的一点是，把图像看成是能量的唤醒和转移，除了瓦尔堡说过，南朝宋时期的宗炳也说过。宗炳提出“感类”的思想，遥远的地方所发生的事情会与同类事物发生感应和共鸣，图像通过感类把物类的能量和效能储存在自身中，而观看图像的人则重新唤醒这些能量，从而把握到神理。

凑巧的是，里希特也曾创作过《地图集》这样的作品，他把从各个地方搜集来的老照片、报刊的剪贴固定到一些木板上，其中有一组照片是关于轰炸机的，里希特年轻的时候就曾听到过飞机轰炸德累斯顿的爆炸声，那些照片应该是当时的空军摄影师拍摄的。无疑，当里希特看到这些照片的时候，图像中的记忆能量痕迹就被重新激活了，战争的惊恐依然作为难以抹去的记忆在画家的内心蔓延。里希特把照片的冷灰色调

1　E. H. 贡布里希：《瓦尔堡思想传记》，第 331—332 页。
2　乔吉奥·阿甘本：《潜能》，王立秋、严和来等译，漓江出版社，2014 年，第 137 页。

和他作品的冷色调掺杂在一起，意味着图像的能量已经重新启动，它已经成为里希特作品的宣示力量。

里希特还有一幅描绘纳粹党卫军的作品，是根据他的叔叔鲁迪的生活照创作的。选择这样的图像是十分冒险的，他究竟想表达什么？也许里希特也很难直接回答这个问题，但他直接以“叔叔鲁迪”为名，而且他叔叔早已死去。这幅作品明确告诉我们，它是关乎里希特的个人记忆的，是与画家本人关系密切的真实生命。然而，党卫军的符号又不可能让此画停留在个人记忆的范畴中，而必然牵动梦魇般的集体记忆，以至于让里希特处于一个相当不利的境地。哈瓦布赫认为集体记忆与影响人们行为的、处于深层的社会结构相联系，他把记忆放到意识和社会认识领域，从而把个体回忆编织到更为宽广的文化领域中。

里希特触及的论题就是个体记忆和集体记忆之间难以化解的矛盾，无论鲁迪多么让人恐惧和仇恨，对里希特来说他还是亲人，他也有微笑，画家只想怀念这一点。恶人鲁迪跟里希特没有关系，记忆不就是将过去在统一多样和想象的模式中加以重建的吗？但是对于他人来说，无论鲁迪的微笑多么单纯，也难以抹去他的罪行，因为他就是一个符号。为了化解这个矛盾，里希特对图像做了模糊化处理，并一再强调这是20年前的照片，已经是模糊的记忆，就像模糊的图像所隐喻的那样，图像的能量发生了颠倒，那种危险在这种颠倒中得到控制和升华。因此，与其说这件作品是为了重现过去，毋宁说是让记忆的参照框架消失，难道这是想从集体记忆重新返回个体记忆吗？

基弗也曾创作过与纳粹有关的作品，不过和里希特不一样的是，基弗认为纳粹依然潜伏在我们今天的生活中，极有可能卷土重来，回避它就会让历史悲剧重演。在《占领》(*Occupations*)这件作品中，那个背影就是基弗本人，他穿着白衫黑裤，面向大海行纳粹军礼。这个举动使基弗陷入了备受指责的境况，“由于这些图像中明显的中立态度和随之而来的深刻的暧昧，基弗的挑衅显得更为激进”[1]。实际上，基弗的意图在于反讽和批判，胡伊森指出作品中的纳粹手势应该被读解为一种概念姿态，提醒我们注意纳粹文化最有效地占据、挖掘和滥用了视觉的力量，法西斯主义已经用滥和抽干了德国图像世界的全部领域，把民族图像传统和文学传统变成了权力的粉饰。[2]阿拉斯则指出基弗的回忆行为是与哀悼行为联系在一起的，在弗洛伊德的思想中，“占据”处于哀悼行为的核心，正是这种紧紧抓住缺失之物，伴随着对外部世界的漠然态度，基弗对发生在当代德国社会中的争论没有多大兴趣，更多地关注德国过去的主题和图像，这其实就是通过回忆行为而实行一种哀悼行为。[3]

如果理解了这一点，即回忆是一种哀悼，那么我们就不会把基弗对德国神话和传统文化的运用误解为右派保守主义的体现。《诺顿克》和《尼伯龙根的苦难》在画面上很相似，阴暗封闭的阁楼、显眼的木纹线使空间产生动荡不安之感。前一幅画中的诺顿克断剑插入木地板，象征着有待纳粹专政去重新锻造的德国社会的破损身体；后一幅画取自德

---

1 Daniel Arasse, *Anselm Kiefer*, Thames & Hudson, 2001, 35.

2 Andreas Huyssen, *Twilight Memories: Making Time in a Culture of Amnesia*, Routledge, 1995, 216–217.

3 Daniel Arasse, *Anselm Kiefer*, 38.

国民间史诗，它曾被纳粹利用，幽闭的阁楼象征着纳粹的幽灵仍然潜伏着。[1] 也就是说，基弗不是把国家社会主义当作历史，而是当作记忆，因为历史始于过去不再被回忆，而记忆是重建过去从而使过去进入今天的褶皱中。如果说记忆的能量有待重新激活的话，那么基弗提供了与纳粹图像的对抗能量，他把国家社会主义的潜伏能量激活起来，同时以反讽的方式去消解它的能量负荷，让我们对此有所警醒，对过去的遗忘就是纳粹重新复苏的根源。

为了抵制对过去的遗忘，纪念碑就出现了，“残留物—纪念碑的任务是，把神奇的过去的事件和现实的当下联系起来。它们是跨越记忆深渊的桥梁，但也同时展现记忆的深渊”[2]。充满悖论的是，纪念碑在记忆过去事件的时候，恰恰也是一种遗忘，这正是利奥塔所揭示的一点。利奥塔认为，没有错失，没有再次遗忘，就不会有再现，用图像和语词再现奥斯维辛就是一种让我们遗忘它的方式。为了不被遗忘，它们所再现的东西必须保持为不可再现的。只有那些被写下的东西才能被遗忘，因为它可以被消除掉，而那些没有被写下来的东西，那种不可能形成经验的材料是无法被忘却的，因为经验的形式和形态对此是不适合的。[3] 建立纪念碑本来是为了牢固记忆，却被怀疑成一种放弃。约亨·格尔茨（Jochen Gerz）和伊斯特·格尔茨（Esther Gerz）设计的反法西斯纪念碑

1 Germano Celant, *Anselm Kiefer*, Skira, 2007, 472.

2 阿莱达·阿斯曼：《回忆空间：文化记忆的形式和变迁》，第 53 页。

3 Jean-François Lyotard, *Heidegger and “the Jews”*, trans. by Andreas Mochel and Mark Roberts, University of Minnesota Press, 1990, 26.

在某种程度上就是在回答记忆和遗忘的悖论。他们设计的纪念碑是一个巨大的金属柱子，外部涂了层薄薄的铅，这是一个书写表面，可以让观众在上面签名，从而让观众觉得他们不是在纪念一个遥远的历史事件，而是与自己仍有关联。还有一个巧妙的设计就是，这个纪念碑每年都会下沉 1.4 米，最后就完全消失。这件作品拒绝将过去限制为某些特定的历史场景，而是重建了观众与法西斯主义之间的关系，不是用纪念碑把法西斯变成过去的事件，而是将其变成当下的遗产。

按照利奥塔的理论，大屠杀就是不可再现的，为了证实遗忘始终存在着，遗忘的消除就必须被遗忘，而大屠杀产生的创伤就是一个未曾被满足的遗忘。博伊斯在 1985 年 11 月慕尼黑戏剧节所做的《谈自己的国家》的演讲中谈到，他发展出一种将语言和观念结合在一起的雕塑概念，这是因为这种艺术“也是能够克服种族主义阴谋、可怕的罪行和无法言表的黑色伤痕，使它们永远不被遗忘的唯一出路”[1]。博伊斯在 1957 年参加了奥斯维辛纪念馆的纪念碑设计竞赛，这个评奖竞赛是由一个大屠杀幸存者在 1957 年发起的，英国雕塑家亨利·摩尔担任评审主席。当年博伊斯送去参加纪念馆竞赛的材料的原件现在保存在达姆斯塔特的“奥斯维辛展示窗”里：一块厚金属板，由一个精细的木浮雕浇铸而成；在生锈的电路板上放了一排排动物油脂，电子管和电线就像轨道一样；一个瘦弱女子的素描；四串干瘪的血香肠；一组向心排列的物品，有瓶子、太阳镜和饰物等。博伊斯说：

---

1 转引自吉恩·雷：《约瑟夫·波伊斯和后奥斯维辛崇高》，载《新艺术哲学——关于波伊斯：当代艺术遗产的清理》，《现代艺术》特刊，2002 年，第 159 页。

> 我没有觉得这些作品是为了再现灾难，尽管对灾难的体验有助于我觉醒。但是我的兴趣不在于为它做图解。即使我用了“埃森集中营”（Concentration Camp Essen）这样的标题，它也不是对这一事件的描绘，而是描绘了灾难的内容和意义。人的境况是奥斯维辛，奥斯维辛原则在我们对科学系统和政治系统的理解中、在专家群体被授予的责任中、在知识分子和艺术家的沉默中找到了它的永恒存在。[1]

这段话是博伊斯在和卡洛琳·蒂斯达尔（Caroline Tisdall）讨论时所做出的解释，他并不想为他的艺术贴上肤浅的“奥斯维辛艺术”的标签。也许想让他的物品和行为在没有假设和期待干扰的状况下产生效果[2]，博伊斯以一种更为巧妙的方式来回忆和哀悼大屠杀，并且避免对大屠杀产生某种定势的理解，甚至产生预期。

基弗也曾经表现过大屠杀这个主题，其独特性在于不需要还原它们就能够表现出大屠杀的悲惨。基弗使用一些能够引起共鸣的材料，如稻草、沙子和铅等具有象征意义的母题，以及烧焦的大地、森林、年代久远的建筑、《圣经》人物、神话人物。基弗扎根于表现主义，弱化沉思的传统，以意指文化和文明失序和毁败的方式布置母题和材料。[3]“玛格丽特/书拉密”（Margarete/Shulamite）系列是以保罗·策兰著名诗

1 Caroline Tisdall，*Joseph Beuys*，Solomon R. Guggenheim Museum，1979，23.

2 吉恩·雷：《约瑟夫·波伊斯和后奥斯维辛崇高》，第 175 页。

3 John Gibbons，*Contemporary Art and Memory*，I. B. Tauris，2007，83.

篇《死亡赋格》（*Death Fugue*）为根据而创作的，这首诗用一系列神话形象去把握奥斯维辛的恐怖，而基弗则转向了哀悼的意义。在《你的金发，玛格丽特》（*Your Golden Hair*，*Margarete*）这幅画中，基弗避免对法西斯暴力的直接再现[1]，大地占据了绝大部分画面，地平线几乎被推到了画面的顶端，表现性笔触和各种材料混杂在一起，画面的中间是用稻草围成的一个弧形，代表玛格丽特的金发。正如萨茨曼（Lisa Saltzman）所言："基弗的玛格丽特是策兰的也是歌德的，使德国女性的金发（strohblond，字面上指稻草的金色）形象在稻草中得到体现、获得形质并且被隐喻。由于稻草在其纯粹材料性的意义上是德国的景观，同时也是一束束金发，这种混合在图画上实施了纳粹的意识形态自负，即德国的身份是土生土长的，它就扎根于这土壤，并从这土壤中浮现。"[2] 因此，在这幅画中，我们已经能够感受到纳粹为何要清洗犹太人了，即为了保持德国种族血统的纯粹性，这是一种意识形态的自负。

无论是博伊斯还是基弗对集中营和大屠杀都采用了反再现的方式，作品采用的形式不是对灾难的记录，不是还原到历史场景的再现，而是在意义上以否定的方式去呈现不可忘却的遗忘。

博伊斯和基弗在呈现不可忘却的遗忘时就赋予了记忆一种抵抗的能力，这也是瓦尔堡所说的记忆能量得到激活的最强形式。这样，我们就回到了马尔库塞在《单向度的人》中曾描述过的状况：在操作理性的社会地盘内，社会自身的未来和过去受到了压制，拒斥和遗忘历史的

1　Andreas Huyssen，*Twilight Memories*：*Making Time in a Culture of Amnesia*，225.

2　Lisa Saltzman，*Anselm Kiefer and Art after Auschwitz*，Cambridge University Press，1999，28.

现实，把虚假变成真理，“回想过去会使人产生危险的见识，已确立的社会似乎理解记忆的颠覆性含义。记忆是同既定事实发生分离的一种方式，是暂时打破既定事实无所不在的力量的一种‘间接’方式。它使人回想起那已成往昔的恐怖和希望。恐怖和希望复活了，不过在现实中，恐怖一再以新的形式出现，希望仍然还是希望”[1]。

伊门多夫试图把有关德国过去的各种叙述融合起来，《德国咖啡馆1》所描绘的空间是咖啡馆、舞厅等传统艺术活动空间和刺眼的梦幻空间的结合，画面中间是伊门多夫和潘克正试图翻过柏林墙，旁边是象征东、西柏林分裂的代表建筑勃兰登堡大门。人物被安排在两根象征战争的柱子之间，分别与法西斯和共产主义有关。背景中是伊门多夫在德国鹰和纳粹标志下疯狂地舞动，有趣的是他的衣着部分是法西斯官员的，部分是革命党人的。在酒吧里，伊门多夫又变成了身穿皮夹克、拥抱裸女的形象。伊门多夫把各种相互冲突的对立面综合在一起，在一个杂乱的空间中试图把各国不同的历史容纳其中，这也是德国当代文化历史空间的真实情况。

记忆不是简单地复活过去，不是关于过去的影像，它是思想的另一种可能，是打破当下之贫瘠的解放性力量，是在极权世界中打破禁闭的精神力量，“在极权主义的大一统中，回忆提供了另外一种可能性，使人们可以获得对他者的经验，得以与当下和现实中的专制制度保持距离。从更普遍的、不那么政治化的角度来看，回忆是与某些压力的对

1　赫伯特·马尔库塞：《单向度的人》，刘继译，上海译文出版社，2008年，第79—80页。

抗，这种压力包括：日常生活对社会现实所施加的压力，越来越趋向于标准化、‘一元性’和降低复杂性的压力”[1]。当记忆打破压制性的体制，在抵抗中释放出它的解放力量的时候，记忆的政治就得以产生，它是对我们的集体记忆的重构和唤醒，是感觉的共同体的生成过程。德国当代艺术家把表现德国艺术的历史境况作为他们最为重要的任务，就是要利用记忆重构自己与过去的关系，把记忆的不可能性作为活的遗产切入我们当下的生存中。它不仅仅是对自我文化身份的塑造，也是一种政治批判的工具。

1　扬·阿斯曼：《文化记忆：早期高级文化中的文字、回忆和政治身份》，金寿福、黄晓晨译，北京大学出版社，2015年，第84页。

理想的幻灭和重建

——从塔特林到博伊斯

韩子仲

当我们在谈论艺术中的“理想”时，其实我们已经把自己置于一个非常危险的处境中。一个宏大的、整体性的艺术“理想”，已经成为当代艺术的批判对象，这是因为它被看作一种乌托邦式的幻想，哪怕它某种程度上具有审美的意味，也无法掩饰其中隐藏着某种对于权力的迷恋。所以今天，当你面对一个艺术家抛出这样一个有关“艺术理想”的问题时，这多半会让他感到局促不安。他多半会采取一种回避的态度，“哦，谈论‘理想’的时代已经过去了，或者说‘理想主义’对于艺术本身来说是有害的”。对“理想”的迷恋就像对于老式家具的迷恋，就像一种充满了腐败气味的情怀。

1919 年，弗拉基米尔·塔特林（Vladimir Tatlin，1885—1953 年）接受了新苏维埃政府的委托，设计“第三国际纪念塔”，他把这座塔看作一个体现了建筑、雕塑、绘画原则的集合，是空间与运动、艺术与技术、物质与精神的完美结合。“第三国际纪念塔”呈现了20世纪初人类对于一个新时代、一个未来新世界的畅想，可以说它的设计方案是迄今为止人类历史上对于一个理想社会所应该具有的完美秩序的终极想象。塔特林的这个设计方案最终没有得以实现，似乎也预示了通过这个“第三国际纪念塔”而构想的新世界蓝图本身就是一个乌托邦式的幻想。紧接而来的第二次世界大战彻底摧毁了这种试图构建完美社会秩序的理想，随着战后对于20世纪初两次世界大战所造成的巨大灾难的反思，人们开始把狂热的理想主义同极权和恐怖政治联系在一起。

战后，艺术从理想主义的宏大叙事转向了强调自我感官的体验，艺术创作直接来自艺术家个人的日常生活经验，这是一种非连续性的、非整体性的、非历史性的即时呈现。日常生活的经验转化为对于人的一次又一次的刺激，所谓的“生活世界”就像无数个可以让我们产生应激反应的刺点，对于“生活世界”的整体性思维已经逐渐离我们远去。另一方面，随着战后艺术中心逐渐从具有浓厚形而上传统的欧洲大陆转移到美国，并且受到美国实用主义思想的影响，艺术与商业资本的联系越来越紧密。资本的专业化运作进一步加强了艺术行业的专业化细分，今天已经形成了由艺术机构、策展人、批评家、收藏家、艺术市场和艺术家构成的专业集团。令人感到困惑的是，今天的艺术氛围看上去比历史上任何时期都更接近大众的生活。但事实上，由上述这些专业人士和机构控制的艺术圈比任何时候都更加具有权威性和排他性，他们负责解释和定义当代艺术，他们同资本的结合将“日常生活的艺术化”转化为一个蔚为壮观的文化产业工程。对于目前当代艺术这样的一种发展态势，支持者认为这是一场划时代的艺术变革，艺术的日常化是一次真正的艺术解放运动，这似乎正在印证约瑟夫·博伊斯（Joseph Beuys，1921—1986年）所说的“人人都是艺术家”的口号。更进一步，随着技术的不断前进，尤其是媒体、信息技术的发展，艺术作品的载体也将从以前的物质状态中解放出来，直接以信息输入的方式对人产生影响，这将从根本上改变艺术的面貌。然而对此的批评也是激烈的，批评者认为，所谓的艺术日常化不过是资本运作的一种策略而已，不过是“美化了环境”、促进了消费，它向人们提供的是一种平庸的艺术观念和廉价的艺术商品。另一方面，技术的发展本身没有制衡的力量，技术本身就是其发展的唯一逻辑和动力，一旦启动，无法停止，这就埋下了巨大的隐患。然而，艺术不应该成为技术的附庸，相反它是唯一能够对这种不加克制的技术发展形成制衡的东西。因此关于艺术本质、艺术与日常生活的关联以及艺术与技术文明的关联，关于最终艺术又将以何种方式来影响我们的生活，诸如此类的根本性或者说总体性的问题又如同某个“艺术理想”重新摆在我们面前。

博伊斯晚年时曾经用很激烈的语言表达了对“艺术家”的看法，“……他们是对所有事物的阻碍，他们污染环境，这当然不是因为他们在故作风雅地弹弹钢琴，而是他们忽视对于艺术边界问题的思考……然而边界外的那个彼岸世界却在向我们人类提出更多的要求。这种要求意味着那些我们曾经在艺术史中所得到的概念仍旧需要一个更为广泛的原则，这个原则将把所有不同的都包含在其中，它就像是一个社会性的有机生命体的胚胎……在所有美中最美的存在仍然需要我们去追寻：社会性的有机结构作为一个本质上自由塑造而成的生命体，它对于超越现代社会而言是一个文化上的巨大成功……”[1]

在这段讲话中，我们能感觉到博伊斯似乎又回到了塔特林“第三国际纪念塔”的理想中。事实上，在艺术中描绘一个“大同世界”的理想在艺术史上从来没有真正被放弃过。相反，我们几乎可以说，所有艺术史上的伟大时刻都是和“理想”相关的，在所有“理想”中最重要的基础就是秩序。对于塔特林而言，构成主义就是一个稳定有序的组织，同样它也是一个自身具有意图或目的的呈现。设想中的“第三国际纪念塔”内部结构的转动符合宇宙空间运动的规律，这种运动呈现了结构自身所应该具有的秩序。塔特林认为，在纪念塔设计方案中所呈现的立方体、角锥、圆柱以及螺旋上升的构成形式，多种物质材料的组合和包括作为创作者的艺术家都应该符合的某种构成的功能，最终共同实现某个目的。从这些方面来看，博伊斯显然继承了塔特林的艺术理念，但是博伊斯把这个“大同世界”看作社会性的有机结构自由塑造而成的生命体，这让他的艺术理想看上去更加具有神秘主义的色彩。

博伊斯的艺术理想总体来说就是通过艺术实现认识世界和改造世界的目的。因此，博伊斯非常反对将艺术看作一个专业性的问题，相反，他认为艺术应该成为一个具有普遍意义的认识问题。博伊斯所说的“人人都是艺术家”，并不是说每一个人都有可能成为那种专业性的艺术家，而是说每一个人从根本上都有对于具有普遍意义问题的探究和认识能力。这种具有普遍意义的问题首先表现在对于世界的总体性认识上。博

1　哈兰：《什么是艺术？——博伊斯和学生的对话》，韩子仲译，商务印书馆，2017年，第144页。

伊斯认为，这种对于世界总体性的感受在儿童时期最为强烈，但随着我们的成长，随着所谓知识积累的增多，这种总体性的认识反而会被我们遗忘。自文艺复兴时期以来，我们对于世界的认识逐渐被转让给科学技术的解释，这种科学技术的高速发展使得社会分工越来越细、认识越来越局部、职业越来越专业化，最终导致人的生活和认识只能被限制在他所谓的专业领域。因此，博伊斯认为，所有的专业，包括已然成为一种专业的艺术都应该在一个更为广阔的空间中来重新认识和拓展自己。这个更为广阔的空间是建立在对于生活世界的一个总体性认识之上的，这也就是他所说的"扩展的艺术"概念。这个"扩展的艺术"概念对于每一个人来说都是有意义的，但这并不意味着他需要佯装自己已进入某种被认为的艺术情景中，相反这是对所有事物的一个整体性认识。当他自身置于这种整体性的认识中时，他就有可能通过自己的工作获得比这份工作所限定的内容更多的东西。

这个"扩展的艺术"概念首先应该被理解为对于事物之间"关联"的把握。对于博伊斯来说，艺术作品不单是一个确定的存在，它同时也是一个超确定的存在，因此，艺术作品应该是一个各种关联的组合，同时它也构成了一个能量汇合和转换的场所。博伊斯一直在追问艺术或者说艺术作品是在一个怎样的"态势"（Konstellation）中产生的？在《什么是艺术？——博伊斯和学生的对话》一书中，博伊斯认为，"态势"是包括艺术在内的所有事物发生的内在原因，所以关于"态势"的形象和研究是博伊斯艺术理论的核心。它从词源上来说是由拉丁语 con 和 stella 构成的，意思是"天体的交汇"。它最初的意思可以追溯到古希腊时期占星术所指的 epoché，意思是在一个星相图中天体运行轨迹的时间节点，或者说是在运动中的那些临界点（Haltepunkt）。简而言之，博伊斯所谓的“态势”指处于不断运动变化中的、转瞬即逝的那些可被确定的点构成的一个图像，而当所有这些点组合在一起，就构成了一个具有无限可能的、永恒运动的母体（Matrix）。当它在每一个瞬间定格时（可被确定的点，用博伊斯的说法就是凝固、晶体化），一个具体的个性化形象就浮现出来，所谓万物由此而生，这其中当然也包括了艺术作品。

博伊斯把这个“态势”看作孕育和推动事物发展的母体，在博伊斯这里，这个母体没有确定的形象，它或许类似于某个天象、某种有机生命体，但所有确定的形象不过只是在呈现那个母体的符号，所以说他的世界观是非历史、非时间的，而是带有强烈的神秘主义色彩。博伊斯认为，神秘主义传统“应该作为自我意识、自由人的一部分……神秘主义必须转变，并且在整体上融入这个自由人的当代自我意识中，进入到今天所有的讨论、所作所为和创造中去……”[1] 博伊斯把他对于这个世界的解释都呈现在一张名为“进化”（Evolution）的图表中。这张“进化”图表是 1974 年 7 月博伊斯应邀在一所华德福学校做演讲时画的。这张图表所涵盖的内容非常丰富，但基本可以概括为上、下两个部分。位于图表的上部，从左到右依次为矿物（晶体化、死亡）——植物（有机生命、鲁道夫·斯坦纳［Rudolf Steiner，1861—1925 年］的社会机制三元论）——动物（圣礼、资本、灵魂与肉体）——人（从头到脚、神经感官、

1 哈兰：《什么是艺术？——博伊斯和学生的对话》，第 146 页。

节奏、排泄、水）。我们可以把上半部分看作博伊斯对于生活世界的概括，这其中包括了生命与死亡、物质与精神以及社会性的组织结构。某种程度上而言，这四个内容在博伊斯所谓的进化过程中具有等级上的差异，但每一个部分的内在结构又是相同的，而且是可以相互对照的。它们之间各自的发展和相互的转换构成了一个在生命与死亡之间的生活世界。下半部分的内容可以被看作博伊斯的历史观。他的历史观完全不同于我们所熟知的历史叙述，它是一个融合了宇宙星象、神话、寓言、宗教和现实的历史事件的时间轴。我们从左到右可以看到最初的宇宙初开、混沌世界到神话寓言的出现，此后是基督的诞生、以柏拉图和亚里士多德为代表的古希腊文明，直至以牛顿、康德和法国大革命为代表的科学技术文明的兴起，然后历史通过再次与基督的复活（圣十字，这里的十字不是正统基督教的十字，围绕十字有五个圆圈，有人认为这正是一个神秘教派“玫瑰十字”的符号）的相遇而走向太阳国。在图表的下方，博伊斯通过“人＝艺术家（劳动者）”的表述，试图使艺术回归到一种创造性的生产劳动中，这也就是他所谓的“人人都是艺术家”的理想，由此开辟了通往太阳国的另一条道路。太阳国也是他的理想国，充盈着热能，他把这称为奉献、牺牲，或者说这就是一种神圣的爱。

博伊斯并非那种希望在自己的作品中突出自我意识的艺术家，他对于所谓艺术家和艺术“作品”的概念是持否定态度的，他认为艺术作品应该是一个连接与现实世界相对应的那个彼岸世界的“中介”，或者说是一个符号和象征。他努力让自己的作品，包括他自己的生命融入一个更为广阔的生命世界，这种融入对于博伊斯而言是一种自我承受的使命。通过对于这个使命的神秘化，博伊斯让自己的作品甚至是他自己的生活成为了一个神圣的仪式，并且在这个神圣的仪式中成为了一个殉道者，这也让他拥有了大量的信徒和拥趸。但同时这也成为批评者讨伐他的焦点：博伊斯通过自我神话树立起一个精神领袖的形象本身就是一种艺术集权，是对于艺术的损害。

无论是塔特林还是博伊斯，他们都创造了20世纪最具有象征意义的艺术形象。作为艺术家，他们都具有强烈的理想主义色彩，希望通过艺术来改造社会。在“第三国际纪念塔”中，塔特林对于一个即将到来的技术文明充满了信心，他认为一个完美的社会秩序和一个精密的工程结构是可以相互对应的。然而对于博伊斯而言，技术文明正在毁坏这个世界，当人类以一种技术的态度来对待这个生命世界时，生命将不复存在，而只能剩下那些被参数化了的冰冷的标本。他通过油脂、毛毡、矿石、植物等这些最为质朴的原材料，将一个已经被遗忘的古老而神秘的世界带入现实的世界中，这可以作为一种治疗来重新点燃那些已经变得灰暗的生命。

20世纪无论是从艺术史还是从人类社会的发展史来看都是一个令人感到震惊和迷惘的时代，推翻一个旧世界、建立一个新世界的行动几乎是在不断地上演，这是一个混乱和秩序共存、理想的幻灭和重建交替的时代。无论怎样，20世纪的艺术发展开辟了一个全新的艺术图景，它将不会再是一个封闭的、自持的形态，它必然需要在一个更加开放的空间中，整体性地予以讨论，不仅仅是讨论研究，而且还要付诸实践，成为推动社会发展的动能。

理想仍然在孕育中。

谈谈博伊斯
（现场发言记录稿）

汪民安

李明炎　钱如意　整理

今天讲的就是关于博伊斯。当然，我对于博伊斯没有什么研究。孙老师让我参加这个会议，我又不敢不来，所以我就只好被迫来到这里。德国的朋友们肯定对于博伊斯非常了解，所以我就不班门弄斧了。

怎么来谈论博伊斯呢？因为大家都知道博伊斯是20世纪最伟大的艺术家之一。如果我们给博伊斯一个定位，还是希望把博伊斯跟杜尚、安迪·沃霍尔做一个比较。因为大家经常把他们三个放在一起，把他们看作20世纪最伟大的行为艺术家。

我想从大概几个方面来谈一谈他们的不同。第一个方面，我想讲他们三个人的一生的传奇。艺术家的生活实际上是非常重要的。

跟哲学家和一般的思想者不一样，一般批评家或者学者都非常重视艺术家的生活、生平。艺术家的生活呢，他们都有一种特殊的生活方式。而且对于很多艺术家来说，他们是想把自己的生活本身作为艺术品来创造的。

杜尚是一个非常特殊的艺术家，他代表了一种艺术家的类型。在某种意义上，他在20世纪是第一个大家都认为“他的生活就是艺术品”的一位艺术家。按照他的表达方式、表现方式来说的话，他恰恰是以不在乎艺术的方式来获得一个伟大艺术家的形象的。

一般的艺术家的想法是自己要在艺术主流中站住一个主要的位置，甚至要获得艺术家该有的一切，但杜尚恰恰相反。杜尚宁可不要这些东西，也就是说，他是属于通过拒绝成为一个成功艺术家来获取巨大的成功的。他这一辈子你可以说是平淡无奇的，而他在某种意义上说有他非凡的一面。

安迪·沃霍尔和杜尚是截然相反的。安迪·沃霍尔是特别追求成功的。他从一个偏远的地方来到纽约，然后他竭尽一切所能，拉拢各种各样的社会关系，他有各种各样的理想和目标，成功的、赚钱的、成为明星的这种目标。他最后一步步地全部都实现了。你会发现在这个里面——你从这个角度看的话，安迪·沃霍尔实际上是一个非常理性的人，而且像一个天才的精算师一样知道自己在什么时候应该做什么样的事情，在什么时候应该做什么样的作品，再用这种方式让自己成为一个伟大的艺术家。

如果说杜尚通过拒绝名利、拒绝成功而获得一个大艺术家的声名的话，安迪·沃霍尔就是完全绝对地控制他的生活。

但是博伊斯跟他们两个人都不一样。博伊斯的生活非常有传奇性。大家应当都很清楚，他年轻的时候是一个空军战士。后来在战斗当中，他的飞机被打下来了。然后他被当地的一个鞑靼人救起来，他有一种非常奇异的死亡经验。

但是实际上，后来我看到有些德国人考证说，这都是编造出来的，根本没有这件事情。博伊斯当初从飞机上掉下来之后，他的军队中的伙伴直接就把他送到医院去了。他说鞑靼人拿着毛毡、脂肪把他救回来，这都是虚构的。

但是我有一个大约的感觉，就是博伊斯对于他自己的每一个生活场景、他经历的所有的事情，他都把它们强烈地戏剧化或者事件化。比如说他在学校里面带着学生罢课，后来在他重新返回学校的时候，他是从莱茵河上划着他的独木舟回到学校的。包括他跟别人在办公室聊天的时候，他一定要把一朵玫瑰花放在杯子里。所有这些东西都把他的日常生活变得像戏剧一样夸张了。

包括他的形象打扮，他永远戴着一顶帽子。他有一个强烈的信念，就是一定要让自己变成一个非凡的人物，变成一个神话般的人物，变成一个表演的人物。所以他就想做一个伟大的艺术家，他又想做一个伟大的教师。他还组建政党，他想成为一个伟大的党员。他还想成为一个神秘的巫师。他还想把自己变成一个非凡的迷人的人物。所以你看到，他和杜尚是完全相反的。杜尚觉得这一切都非常可笑。所以他们的关系不好。

这是我从他们的生活、他们要怎样过自己的生活、怎样把自己的生活变成艺术品的角度来谈的——他们三个不一样。

第二，就是他们对于社会的态度不一样。他们怎么去理解社会？对于杜尚来说，他基本上是一个逃跑主义者。他是拒绝社会的，他认为社会非常无聊。他认为社会的大众就是乌合之众。他是能够躲避社会就躲避社会，他逃到美国去。当时有许多人就是为了躲避服兵役而逃到美国去。

所以在这一点上就可以看到他和博伊斯有什么不同。博伊斯恰恰是非常积极主动地去当兵的。在本质上来说，杜尚是一个虚无主义者。

安迪·沃霍尔对于社会的态度和他们两个人都不一样。安迪·沃霍尔跟这个社会游戏。他喜欢这个社会，他热爱这个社会，他顺应这个社会，他在社会的海洋中尽情嬉戏。而且他深深地理解，20 世纪 60 年代的美国就是一个景观社会或者说消费社会。他和法国的理论家在某种意义上是不谋而合的。他毫不掩饰他对于金钱和名利的热爱。但是不好意思，他跟他们俩又不一样。我们知道，博伊斯非常有名的一个概念就是社会雕塑。他的意思就是要改造社会，就是想把社会作为材料来重新进行塑造。他有典型的德国知识分子的那种批判或者否定传统，他反对商业化，反对安迪·沃霍尔的那种商业化，也反对杜尚的虚无主义背后的冷漠。

我觉得这是博伊斯非常重要的一个遗产，那就是艺术家批判社会或者建立社会。

比如说今天的很多艺术家就不断地去讽刺社会、去干预社会。我觉得这很大意义上是从博伊斯传承过来的。这是他们对于社会的一些不一样的看法。

第三个不一样就是他们的主题。他们三个的主题也不太一样，也就是他们想讨论的问题是非常不一样的。比如对于杜尚来说，很大程度上，他主要的关切或者说主要的兴趣点就在于，他有非常强烈的达达主义的一面，就是嘲笑一切、搞定一切，一切都是可笑的。他对所有主流的、经典的、肯定性的价值观都进行否定或者嘲笑。

杜尚实际上对20世纪80年代的中国艺术家产生过非常重大的影响——比如在中国，有像王玉平这样的艺术家。在80年代的时候，就是要嘲笑以前的那种崇高的价值观或是主导意识形态。他们都从杜尚那里获得了很多启发。

中国艺术家经常把杜尚理解为某种禅宗的当代形式。大家听了很惊讶：为什么是禅宗？中国艺术家就认为，杜尚特别强调所有的有意义的东西，或者是那种“有”的东西，强调把它拔掉，变成无的东西。

至于安迪·沃霍尔，他的作品不像杜尚那样完全倒向一种亵渎和虚空。他也会围绕一个主题提出正面的、肯定的东西。他关注绝对的形象——就是直接把形象给展示出来。

比如明星玛丽莲·梦露，还有罐头，还有一个商品——他就是直接把它们复制出来，然后不对它做任何的评价，不赋予它一个政治意义：既不对它进行肯定，也不对它进行否定，直接就是单纯的展示。

杜尚是亵渎，安迪·沃霍尔是直接展示——他既不亵渎也不肯定。但是博伊斯就有一个非常明确的价值的取向，他非常明确地知道他自己的作品要干什么。我想博伊斯可能有这么几个方面，第一个方面就是他在“二战”之后对于纳粹有竭力的反思或者批判。所以在他的作品之中，最强烈的是一种反思的方面。

他有一个作品，不是那么有名，但是我特别喜欢。那个作品是什么呢？就是他拿着一把刀，他用那把刀把自己的伤口给划破了，然后血液就流出来了，在这个时候博伊斯就拿着纱布把自己的手包起来，把刀刃给包起来。

我觉得这个作品非常简单，但是特别深刻。他的反思就是：我们不要让伤害再发生，而且不仅仅是疗伤，而是要把这个伤害的机制给控制起来。

另外的反思还在于，他讨论了很多关于治疗的话题。他认为德意志民族处于某种疾病当中，需要治疗。我也很喜欢他的一个作品，就是把钢琴用毛毡全部给包起来，然后在上面还有一个十字架。

当然还有一个特别重要的就是谈话。谈话也可以说是沟通或者交流，他认为这是治疗的最好方式——不断地谈话。他曾经有一次很大的动作，他跟人谈话谈了一百天。他最有名的就是跟动物对话的作品，一个是跟兔子讲话；还有就是在画廊里面，他抱着死兔子，对死兔子不断解释对话是什么意思。

他还有另外一个非常有名的作品，那个作品叫《我爱美国，美国爱我》。他坐飞机去了肯尼迪机场，到了肯尼迪机场之后，直接坐着一辆救护车就去了画廊。在画廊里面有一匹狼，一匹非常小的野狼，他和狼在一起待了三天，他一直在和狼对话。

非常奇妙的是，他去了美国，却没有踏上美国的土地一步。因为他是下了飞机就坐车，所以他没有在美国的土地上留下任何一个脚印。他的意思就是说：我纯粹跟动物见面，我不要见美国的任何东西，不要见美国的人和物，我只是单纯跟动物交流。

所以我们说，博伊斯的作品，第一是反思，第二是治疗，第三是对话。他的目标，是为人类获得和平。他最宏大的作品就是《七千棵橡树》。他在卡塞尔原种下了 7 000 棵橡树。他的目标就是让那种冰冷的人际关系变得充满温暖。所以他在他的神，他的动物、植物和人之间建立一个和谐的生态。这可能是他比较重要的一个艺术主题方面的要求。但是美国人不喜欢他这一点，美国人觉得他有比较强烈的民族主义意识。博伊斯的作品说到底还是建立在对于日耳曼民族的强烈整体意识之上的。而美国人不喜欢这种民族主义的东西，所以说他对美国做了很多的批评。

我讲最后一点，就是博伊斯作品的风格。首先就是他在材料方面的运用，因为他的作品中运用了很多装置，他需要一些布置材料——一些重复性的材料比如说毛毡呀、蜂蜜呀，还有黑板、油脂动物脂肪呀，都是他非常固定的材料。还有对于这些材料的运用，在某种程度上，博伊斯也是一种比较强势的艺术家。看他的材料，如果不去了解他的背景的话，就根本不知道这些材料到底是要讲什么，所有材料不是根据材料本身的特征来表达意义的。这和安迪·沃霍尔不一样，安迪·沃霍尔的所有作品，包括杜尚的作品在内，它们的材料本身就能表达意义。但是在博伊斯这里，材料的意义是博伊斯强行赋予它们的。这是因为他的虚构性。他的一些材料的意义是以一个虚构的他受伤并得救的故事编造出来的。比如说毛毡。毛毡在他这里就是温暖的保护身体的东西，他赋予它这么一个意义。比如说脂肪，他赋予它生命的能量，让生命变得强健，让生命康复。这些都是博伊斯在当初的虚构推理下想象出来的材料的意义。实际上，在某种意义上说，这是他在不断地强化他自己的神秘主义色彩。

他的作品风格的第二个特点就是，他的作品特别有戏剧化效果。他的作品都是以强烈的戏剧性方式来表达的。在做作品的时候，他是像演员一样来给自己化妆，自己打扮自己的。比如说在跟一只死兔子讲绘画的时候，他把蜂蜜涂在脸上、把金粉涂在脸上。他的两只脚、两只鞋也不一样，一只鞋是铜板做的，一只鞋是毛毡做的。他把自己变成一个非常奇特的形象，就像一个演员一样。他跟那个死兔子讲话，又是这样子的一副打扮，然后就站在那个画廊里面。他用这种方式把画廊这个空间变成一个充满神秘主义色彩的空间，没有任何人可以理解它的意义。实际上他自己也并不完全了解他自己的意义。因为我看过他不同的谈话，他每次谈话对于他自己作品的解释是不完全一样的，甚至截然相反的。我觉得他是有意造成这种神秘化的效果。包括他在《我爱美国，美国爱我》和狼的对话当中也是如此。他用毛毡把自己包裹起来，让人完全看不到他的面孔，就像一个木偶一般很机械地移动，然后就和那个狼非常莫名其妙地在那边聊天、谈话、撕咬自己。这样的作品具有一种强烈的戏剧化效果，也可以说是巫术，也可以说是一种表演、一种戏剧。

我大体上就讲这几个方面：一个是生活方式，一个是他的生活、他对生活的态度，还有就是他的主题和他的作品的风格。

编者说明

青岛德华文化研究中心于2015年成立，每年主办德华论坛，聚焦中德文化交流的各项重要议题。德华论坛迄今已经连续举办了三届，首届德华论坛于2016年9月在青岛大学举办，主题为“卫礼贤与汉学”，论文文集已由商务印书馆出版。第二届德华论坛于2017年9月在山东科技大学举办，主题为“青岛德式建筑”。第三届论坛于2018年9月在山东大学青岛校区举办，主题为“德国当代艺术”。考虑到篇幅，我们将第二、第三届论坛的报告放在一起结集出版，以展示德华文化研究中心的最新成果。

第二届论坛的报告人有德累斯顿建筑文化协会主席Sebastian Storz博士、同济大学郑时龄院士、同济大学万书元教授、青岛理工大学徐飞鹏教授、山东科技大学许剑峰教授。为了更好地呈现“青岛德式建筑”的议题，在编选文集的时候，除了论坛上的报告，我们还特别选入了青岛文史学者王栋以及上海市城市规划设计研究院金山博士的文章，在此对他们的友情支持表示感谢。青岛摄影师袁宾久先生在德式建筑的摄影方面曾经提供过极具专业性的帮助，惜乎版权原因最终未能收入他拍摄的照片。文集原本还计划收入谷青先生分析青岛德式木构建筑的文章，文内包含的一百多张照片也因为错综复杂的版权问题无法出版，谷先生对青岛的热爱与研究的深入令人感佩。

第三届论坛的报告人包括德国康斯坦茨大学Felix Thürlemann教授、

德国明斯特艺术学院 **Gerd Blum** 教授、首都师范大学汪民安教授、同济大学孙周兴教授，同济大学陆兴华教授、德国埃森造型艺术大学张锜玮博士、江苏师范大学夏开丰博士、上海大学韩子仲博士。汪民安教授的发言由同济大学的两位硕士研究生从录音整理而来，并经本人审阅，特此说明，也感谢两位研究生的辛苦工作。感谢山东大学国际莱布尼茨研究中心刘杰主任和陈琳博士对本次论坛的大力支持，他们的工作使第三届论坛的顺利举行成为可能。同济大学美学博士生王俊涛在艺术展的筹备上付出了巨大的辛劳，特此感谢。

海青文杰集团的姚怡女士一贯支持着德华文化研究中心的活动，她对文化事业的无私捐助令我们感动，在此对她表示由衷的敬意。

编　者

2019 年 8 月

欧洲文化丛书已出书目

德意志思想评论系列

《德意志思想评论》第六卷　　孙周兴　陈家琪　主编

《德意志思想评论》第七卷　　孙周兴　陈家琪　主编

《德意志思想评论》第八卷　　孙周兴　陈家琪　主编

《德意志思想评论》第九卷　　孙周兴　陈家琪　主编

《德意志思想评论》第十卷　　孙周兴　陈家琪　主编

《德意志思想评论》第十一卷　　孙周兴　陈家琪　主编

《德意志思想评论》第十二卷　　孙周兴　陈家琪　主编

《德意志思想评论》第十三卷　　孙周兴　陈家琪　主编

法国理论系列

《法国理论》第六卷　　陆兴华　张永胜　主编

《法国理论》第七卷　　陆兴华　张永胜　主编

文艺复兴思想评论系列

《文艺复兴思想评论》第一卷　　徐卫翔　韩　潮　主编

《文艺复兴思想评论》第二卷　　徐卫翔　梁中和　主编

青岛德华系列

《卫礼贤与汉学——首届青岛德华论坛文集》　　余明锋　张振华　编

《青岛德式建筑与德国当代艺术——第二、第三届青岛德华论坛文集》　　余明锋　张振华　编

其他

《德法之争：伽达默尔与德里达的对话》　　〔德〕伽达默尔　〔法〕德里达等　著　孙周兴　孙善春　译

《特拉克尔诗集》　　〔奥〕特拉克尔　著　先　刚　译

《维特根斯坦与维也纳学派》　　〔奥〕维特根斯坦　著　〔奥〕弗里德里希·魏斯曼　记录　徐为民　孙善春　译

《本源与意义——前期海德格尔与现象学研究》　　梁家荣　著

《斗争与和谐——海德格尔对早期希腊思想的阐释》　　张振华　著

《存在哲学与中国当代思想》　　孙周兴　贾冬阳　主编